Docker
&仮想サーバー
完全入門

リブロワークス 著

Webクリエイター&
エンジニアの作業がはかどる
開発環境構築ガイド

インプレス

サンプルプログラムのダウンロードサービス

本署で紹介しているサンプルプログラムをダウンロードいただくことができます。パソコンの Web ブラウザで下記 URL にアクセスし、「ダウンロード」の項目から入手してください。

https://book.impress.co.jp/books/1121101138

はじめに

この本を手に取ったあなたは、Dockerというツールについて耳にしたことがあるでしょうか？そして、どんな印象を持っているでしょうか？

Dockerは、コンテナと呼ばれる仮想化技術を扱えるものであり、簡単に言うと、仮想サーバーを構築できるツールです。仮想サーバーには、ホストOS上にある既存の環境を壊さずに別の環境を構築できる、ホストOSとは違うOSでサーバー構築が可能、といったメリットがあるので、近ごろのアプリ開発でよく使われています。

このコンテナやDockerはとても奥が深い技術なので、「簡単に習得できる」とは言い難い部分があります。しかし、設定ファイルさえあればコンテナは簡単に作れます。そのため、コンテナやDockerは専業のエンジニアのためだけのものでは決してなく、「手軽にサーバー構築したい」というWebクリエイターや新米エンジニアにも、うってつけの技術なのです。

そこで本書は、参考になる設定ファイルを多く掲載しました。その内訳はLinuxやWebサーバー、データベース、WordPressといった、Webアプリを開発するうえで欠かせないものばかりです。

本書は大きく、「コンテナの基礎知識」「Dockerの導入」「設定ファイル集」という3つのパートで構成されています。コンテナ自体が初めてという人にもお読みいただけます。

CHAPTER1　なぜ開発用サーバーが必要なのか？
CHAPTER2　コンテナとは一体何もの？
CHAPTER3　Dockerを使うための環境を構築しよう
CHAPTER4　Dockerを使った仮想サーバー構築に挑戦！
CHAPTER5　すぐに使えるDocker設定ファイル集
Appendix1　Dockerをさらに学ぶには
Appendix2　VS Code＋Dockerで快適な開発環境を構築しよう

コンテナを作るための設定ファイルは、CHAPTER5「すぐに使えるDocker設定ファイル集」に掲載しています。全部で11例も掲載しているので、先頭から順番に試す必要はありませんが、コンテナに慣れるためにも、興味を持った構成にぜひチャレンジしてみてください。

冒頭でも述べましたが、コンテナはとても奥が深い技術です。そのため、エラー発生時などに調べ直すと、知らないオプションや用語が出てくることがよくあります。そのため「わからない……」と悩むこともあると思いますが、それはコンテナの学習においてある意味当然だと思ってください。エラーについては「Appendix1」でも解説しているので、参考にしてみましょう。新しい用語が出てくること、知識が身についていくことを楽しむことが、Dockerの学習における秘訣です。

本書が、コンテナやDockerに対して感じてしまうハードルの高さを排除し、日々の業務にDockerを導入する助けになれば幸いです。

2022年8月 リブロワークス

CONTENTS

[**CHAPTER 3** **Dockerを使うための
環境を構築しよう**]

CHAPTER
4

Dockerを使った
仮想サーバー構築に挑戦！

Appendix1　Dockerをさらに学ぶには

Appendix2　VS Code＋Dockerで快適な 開発環境を構築しよう

CHAPTER
1

なぜ開発用
サーバーが
必要なのか？

#サーバー／#Webサイトの種類

Webアプリの仕組みについて おさらいしよう

本書はコンテナと呼ばれる技術でサーバーを調達する方法を解説しますが、サーバーの必要性を理解するためにも、Webアプリのおさらいから始めましょう。

Webはクライアント・サーバーシステム

　本書を手に取られた皆さんは、何らかの形でWebの制作／開発に携わっていたり、それらを学んでいたりされている方が多いでしょう。静的なHTMLやCSSで制作するWebデザイナーやコーダーの人もいれば、問い合わせフォームのスクリプトを作っている人、WordPressなどのCMS（Contents Management System）をカスタマイズしている人、さらには、SNSなどのWebアプリを開発している人もいるかもしれません。

　ご存じのようにWebとは、クライアントであるWebブラウザと、そこにコンテンツを供給するWebサーバーで構成されるシステムです。これは**クライアント・サーバーシステム**と呼ばれます。

　サーバーは、ユーザー（クライアントのコンピューター）からのリクエストに応じて、何らかのサービスを提供するコンピューターやソフトウェアのことです。これに対して**クライアント**は、サーバーに対してリクエスト（要求）を送信することで、サーバーが提供するコンテンツを利用するコンピューターやソフトウェアを指します。

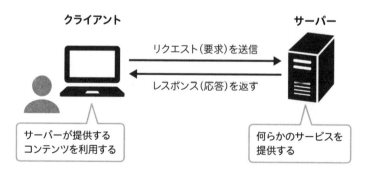

クライアント　　　　　　　　　　　　　　　　サーバー

リクエスト（要求）を送信

レスポンス（応答）を返す

サーバーが提供する
コンテンツを利用する

何らかのサービスを
提供する

Webサーバーのほかに、データの保存や検索を行う「データベースサーバー」、メールの送受信を担う「メールサーバー」などがあります。

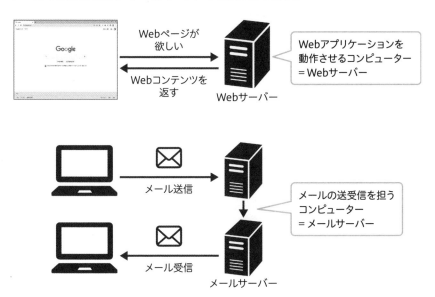

Webサイトには大きく2種類の構成がある

一口にWebサイトといっても、大きく「静的サイト」と「動的サイト」の2通りに分かれます。本書で扱うコンテナやDockerが関わるのは動的サイトのほうです。おさらいとなるかもしれませんが、両者の違いを説明しておきましょう。

静的サイト

静的サイトとは、Webサーバーに保存されているHTMLなどのファイルをそのまま表示するだけのサイトのことです。CSSで装飾していたり、JavaScriptでスライドバナーなどの動く要素を組み込んでいたりしていても、HTML、CSS、JavaScriptの内容が変わることがなければ、静的サイトとなります。そのため、ページの内容を更新したい場合は、サーバーに配置されたファイルを直接書き換える必要があります。このようなサイトを制作する場合は、Webブラウザのみで検証できます。ローカル（手元のパソコン）にサーバーを用意する必要はありません。

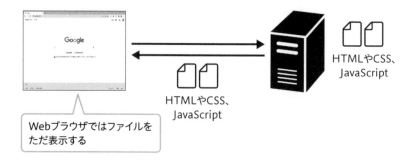

HTMLやCSS、
JavaScript

HTMLやCSS、
JavaScript

Webブラウザではファイルを
ただ表示する

動的サイト

動的サイトは、アクセス時の状況やリクエストの内容によって、表示する内容を変えるサイトのことです。たとえばGoogleなどの検索エンジンは、Webブラウザから送られて来た検索キーワードを見て、そのキーワードを含むWebページの一覧を返してきます。これは動的サイトです。そのほか、ログインの有無によって表示が変わる会員制サイト、Amazonのように注文を受けて決済や発送を行うECサイト、TwitterなどのSNSサイトも動的サイトです。サイト全体ではありませんが、お問い合わせフォームなども、フォームから受けたデータをメールで送るので、その部分については動的といえます。

動的サイトでは、Webサーバーのほかに、応答を生成するプログラム（独立したアプリサーバーとすることもある）や、データを保存するデータベースサーバーなどが働いています。そのため開発時に動作検証するには、サーバーが必要です。

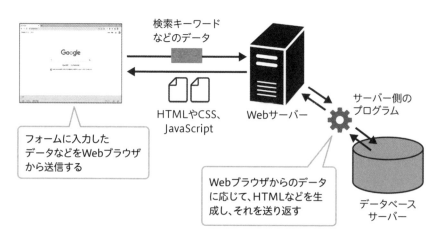

検索キーワード
などのデータ

HTMLやCSS、
JavaScript

Webサーバー

サーバー側の
プログラム

フォームに入力した
データなどをWebブラウザ
から送信する

Webブラウザからのデータ
に応じて、HTMLなどを生
成し、それを送り返す

データベース
サーバー

同期通信と非同期通信

　少し話が脱線しますが、動的サイトはさらに「同期通信」型と「非同期通信」型に分かれます。**非同期通信**は、かつてはAjaxとも呼ばれ、SPA（Single Page Application）の基本的な仕組みでもあるため、そうと知らずに使っていた人もいるかもしれません。なおSPAとは、1つのHTMLに対してJavaScriptで動的に変更することで画面を作るアーキテクチャです。

　同期通信とは、古くからある動的サイトの通信方式で、Webブラウザのフォームからデータが送られたあと、Webサーバーから結果のHTMLが送り返されてきて、ページ全体が更新されるものです。

　それに対して、非同期通信はJavaScriptを使ってWebサーバーとの通信を行います。結果の受信もJavaScriptが行い、ページ全体を更新するのではなく、ページの一部だけを書き換えます。同期通信に比べてユーザーの操作に対する反応が早いため、先進的な動的サイトで採り入れられています。

動作検証にサーバーが必要となるタイミング

　先に説明したように、静的サイトでは、制作時の動作検証にあたってサーバーは必要ありません。Webブラウザで検証しながら制作を進め、プログラムが完成したらFTPソフトでWebサーバーのストレージにアップロードすれば済みます。

　しかし、そのサイトにお問い合わせフォームを付けるとなると、フォームからのデータを受け取ってメールを送信するプログラムを動かすために、サーバーが必要となります。サーバーがなければ、フォームの送信ボタンを押した時点で、エラーが表示されるだけです。

　WordPressのようなCMSをカスタマイズするケースでも、CMSは動的サイトの一種である**Webアプリ**なので、サーバーが必要です。新たに独自のSNSを開発するようなケースであれば、サーバーが必要なことはいうまでもありませんね。

　また、検証に必要となるサーバーはWebサーバーだけではありません。たいていの場合、PHPやPython、Javaなどのサーバー側プログラムが動く環境や、データベースサーバーなども必要です。

　このように何らかの動的サイトを開発するためには、まず開発用のサーバーを構築しなければいけません。HTMLやCSS、各種プログラムコードなどを書くのは、そのあとの作業です。

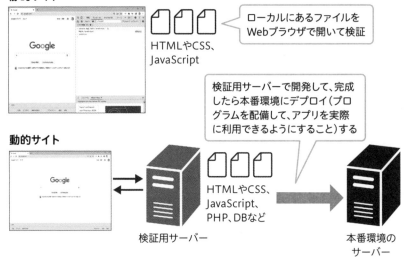

静的サイト

HTMLやCSS、JavaScript

ローカルにあるファイルをWebブラウザで開いて検証

検証用サーバーで開発して、完成したら本番環境にデプロイ（プログラムを配備して、アプリを実際に利用できるようにすること）する

動的サイト

HTMLやCSS、JavaScript、PHP、DBなど

検証用サーバー

本番環境のサーバー

Linuxサーバーなら本番環境に近い検証が可能

　WindowsやMacでも、サーバーソフトウェアをインストールすればサーバーとして機能します。代表的なものにXAMPP（ザンプ）があり、これはWebサーバーのApache、データベースサーバーのMariaDB、プログラミング環境のPHPやPerlなどがセットになったものです。XAMPPを1つインストールするだけで、一般的な動的サイトの検証環境がそろう便利なものですが、いくつか問題もあります。

　1つは、普段使いの**パソコンにインストール済みのソフトウェアが原因で、サーバーがうまく動作しない**ケースがあることです。よくあるのが、ポート番号（インターネットにおける通信アプリに割り振られる番号）の衝突で起動しなくなるトラブルです。

　2つ目は、**本番環境とOSが違うために細かなトラブルが起き、場合によっては改修が必要となる**点です。インターネット上のサーバーの多くは**Linux**を使用しています。Linuxがよく使われる理由については次のセクションで解説しますが、LinuxとWindows/Macでは利用できるソフトウェアが異なるので、微妙な違いが生じることは避けられません。微妙といっても、それが原因でWebアプリが動かなくなることもありうる無視できない問題です。

　そのため、開発用サーバーのOSをLinuxにしておくと、事前にLinuxでの検証が行えるので、本番環境へ反映したときのリスクを減らせます。

#Linuxの特徴／#ディストリビューション

section 02
サーバーにLinuxが使われるのはなぜ？

Linuxが使われる
理由を追う

サーバーにLinuxが使われる理由を理解するには、Linuxの特徴を理解することが重要です。

サーバーに使われる理由はLinuxの特徴にあり

Linux（リナックス）というOSは、1991年に当時フィンランドの学生であったリーナス・トーバルズによって、開発・公開されました。最初は個人的なプロジェクトとして、IBM PC/AT互換機（現在のWindows PC）向けに開発されたLinuxですが、現在では大きく成長を遂げ、Webアプリや組み込みシステム、スーパーコンピューターまで、幅広い用途で利用されています。

サーバーにはLinuxがよく使われます。では、なぜサーバーにLinuxがよく使われるのかというと、Linuxには次の特徴があるからです。

オープンソースかつ無料で利用できる

Linuxはプログラムのソースコードが公開されている、つまり**オープンソース**なので、利用や改変、再配布が自由に行えます。これは、世界中から多くの技術者が開発に携われること、コミュニティによる修正や機能強化がよく行われていることを表します。コードが公開されているので、何か問題があったときに、自分でコードを調べて対策を講じることが可能なのもメリットの1つです。

Linuxは、後述するディストリビューションにもよりますが、基本的には無料で利用できます。サーバー構築の初期費用を抑えられるのに加えて、複数台のサーバーによる構成にも適しています。

安定して稼働できる

サーバー用OSには「落ちない」ことが求められます。WindowsやMacは個人向けのOSであり、使いやすさや対応機器の多さなどさまざまな要望に応えるよう設計されています。いずれも優れたOSですが、サーバー専用ではなく、安定性は最優先事項ではありません。それに対してLinuxは、カーネル（OSの中核）にソフトウェアの部品を自由に組み合わせて構築できます。サーバー用途であれば、GUI（デスクトップ）を取り外し、サーバー専用の構成が取られます。サーバーに不要な要素がない分、ファイルサイズなどの消費リソースも少なくなり、安定性の向上につながります。

細やかなユーザーやファイルの管理

　サーバーコンピューターは不特定多数のユーザーにアクセスされるため、セキュリティも重要です。Linuxにはファイルやディレクトリ（フォルダー）へのアクセス制限を行う、**パーミッション**という設定があり、ファイルごとにどのユーザーがアクセス可能かを設定できます。Webサーバーであれば、外部からアクセスするユーザーは、特定ディレクトリのHTMLなどを読み取ることしかできないよう制限します。また、サイト制作者がFTPにアップロードする場合も、そのユーザーは特定のフォルダーにしか書き込めません。

Linuxの豊富なディストリビューション

　コンテナを使うにあたって、Linuxの**ディストリビューション**についても押さえておきましょう。ディストリビューションとは、OSの中核となるプログラムである**カーネル**に加えて、各種コマンドやライブラリなどをまとめた配布形態のことです。厳密には、「Linux」はOS全体ではなくカーネルのみを指しますが、一般的にLinuxと言った場合に、ディストリビューションのことを指している場合も多くあります。

　カーネルはアプリの実行管理や資源管理などを担いますが、カーネルだけあっても何もできないので、必要なライブラリやツールを集めた形にして、ユーザーが使いやすいようにしているというわけです。

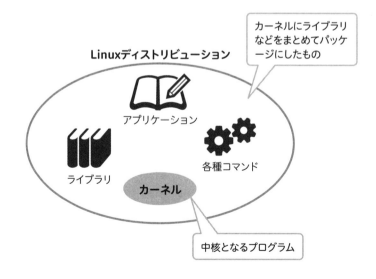

カーネルにライブラリなどをまとめてパッケージにしたもの

Linuxディストリビューション

アプリケーション

ライブラリ

各種コマンド

カーネル

中核となるプログラム

　ディストリビューションは、企業向けや教育向けなど、用途に合わせて多数開発されています。また、CLI（コマンドを入力することでパソコンを操作できるツール）の利用を想定したディストリビューションだけではなく、画面で操作できるようにGUIが付属したディストリビューションもあります。1つのディストリビューションでGUI版（デスクトップ版）とCLI版（サーバー版）が公開されていることもあります。さまざまなディストリビューションがあるので、目的に合わせて選べます。このように、目的や使い方に合ったディストリビューションを選べるのも、Linuxの特徴と言えるでしょう。ここでは、主なディストリビューションを紹介します。

主なディストリビューション

ディストリビューション	概要
Debian GNU/Linux	コミュニティベースで開発。古くから使われており人気が高い
Ubuntu	Debian GNU/Linuxから派生したディストリビューション。デスクトップ用途でも人気が高い
Red Hat Enterprise Linux	Red Hat社が企業向けに開発。RHELとも呼ばれる
Fedora	Red Hat社が支援するRHEL系列のLinux。RHELのベータ版として位置付けられている
Arch Linux	シンプルで軽量なLinux
Alpine	シンプルで非常に軽量なので、コンテナでよく使われる

　一般的にサーバー用途では、軽量なCLIのみのディストリビューションが使われます。

＃サーバー構築の方法／＃コンテナ

気軽にサーバー構築するなら「コンテナ」を使おう

サーバー構築にはいくつか方法があります。その中でもなぜコンテナなのでしょうか。その理由を追っていきましょう。

Linuxサーバーを建てるにはさまざまな方法がある

Linuxサーバーを建てるには、主に次のような方法があります。

①物理マシンにLinuxをインストールする
②仮想マシンを利用する
③レンタルサーバーやクラウドを利用する
④コンテナを利用する

1つずつ、概要とメリット／デメリットを説明していきましょう。

①物理マシンにLinuxをインストールする

1つ目は、Linuxを直接、物理マシンにインストールする方法です。この方法では、物理的なマシン（パソコン）を買ってきて、Linuxをインストールし、Linux上で動作させたいアプリやソフトウェアを順番にインストールしていく、という手順が必要です。LinuxはWindowsパソコンにインストールできますが、専用に新たなマシンを用意するのはハードルが高いですし、そのうえ、未対応のハードウェアが存在する場合もあるので、どのWindowsパソコンでも100％動くとは限りません。そのため初心者がLinuxの環境を自力で構築するのは、少々ハードルが高いといえるでしょう。

②仮想マシンを利用する

2つ目は、仮想マシンを使う方法です。「仮想マシン」という言葉は、聞いたことがある方も多いでしょう。仮想マシンは、仮想化技術によって作られたコンピューターのことで、仮想化は、存在していない機器や資源をあたかも存在しているように見せる技術のことです。仮想マシンは、物理マシンに仮想化ソフトウェアをインストールし、そこにさらにOSをインストールして作成します。

仮想マシンは、1つの物理マシン上に複数作成できますし、物理マシン上のOSとは異なるOSを持つ仮想マシンも作れるので、複数のサーバーを建てやすいです。た

だし、OSの上にさらにOSを載せるという関係上、仮想マシンは、後述するコンテナに比べると処理にかかるコスト、つまり、オーバーヘッドが大きいというデメリットがあります。この点についての詳細は、後述します（P.29参照）。

　仮想マシンを作成するソフトウェアで有名なものには、Microsoft社のHyper-VやOracle社のVirtualBoxなどがあります。

Hyper-V

VirtualBox

③レンタルサーバーやクラウドを利用する

　3つ目は、**レンタルサーバー**を使う方法です。レンタルサーバーとは、利用料金を払うことで、インターネット上の事業者からサーバーを借りられるサービスです。たとえばWordPressのサーバーが欲しい場合、通常はレンタルサーバーを使うことになります。レンタルサーバーには、物理マシンを用意せずとも安定したサーバーをすぐに使い始められるというメリットがあります。また環境構築やメンテナンスは基本的に事業者が行うので、保守の手間を省けるというメリットもあります。しかし、学習やちょっと検証したいといったときにレンタルサーバーを使うのは、少々オーバースペックですし、維持費もかかります。また、レンタルサーバーだとPHPやMySQLが特定のバージョンしか使えないなど、環境の選択肢が狭い、というデメリットもあります。

　レンタルサーバーに似ている方法としては、クラウドで提供されている仮想サーバー構築サービスを使う方法もあります。たとえば、Amazon Web ServicesというクラウドならAmazon EC2、AzureというクラウドならVirtual Machines、Google CloudというクラウドならCompute Engineという仮想サーバーサービスがあります。

Amazon EC2

Virtual Machines   Compute Engine

　クラウドの仮想サーバーは構築が簡単ですし、利用できるOSが豊富で、レンタル
サーバーと比べてカスタマイズしやすいです。また、このサーバーも仮想的なものな
ので、スペックを変更したり自動でオートスケールしたりを柔軟にできることがメ
リットです。ただし利用には、クラウドの基本的な知識が必要です。また従量課金制
なので、慣れないうちは、料金の管理がしづらい場合もあります。

　このように、サーバーを作るにはいくつか方法があります。それぞれに多くの特徴
やメリットがあるので、用途や作りたいアプリの規模などに合わせて使い分ける必要
があります。本書では、4つ目の方法である、コンテナを使って構築していきます。

手軽にサーバー構築するならコンテナが便利

　4つ目は、本書においてメインで解説していく「コンテナ」を使う方法です。詳し
くは次章以降で説明していきますが、コンテナは、仮想マシンなどに比べて、OS
や各種ソフトウェアを導入する手間が圧倒的に少なく、複数台のサーバーを構築す
るのもとても簡単です。手軽にサーバー構築したい、サーバーはよくわからない
というWebクリエイターや新米エンジニアに、うってつけの方法です。たとえば

WordPressのサーバーが欲しい場合、通常はレンタルサーバーを使うことになります
が、コンテナなら、数コマンドの実行ですぐに構築できます。またコンテナなら、
WindowsやMac上にも、簡単にLinuxサーバーを用意できます。

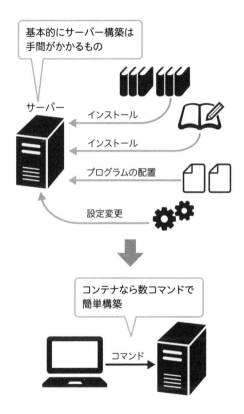

もちろん、コンテナを本番環境で動かすにはさまざまな知識が不可欠です。また、
コンテナは大規模開発で使うもの、という印象を持っている方もいるかもしれませ
ん。しかし、大規模開発でないと使ってはいけない、というわけではなく、「とりあ
えずサーバーが欲しい」というニーズに、とても適した技術なのです。そのため、ぜ
ひチャレンジしてみましょう。コンテナについては、次章から詳しく解説していきま
す。

Point コンテナを学ぶための基礎知識

コンテナを使うにあたって、Webアプリ開発やネットワークに関する基礎的な用語を押さえておくと、学習しやすくなります。そのためここでは、基礎的な用語について紹介しておきましょう。

コンテナを学ぶ際に知っておきたい用語

項目	内容
IPアドレス	インターネット上の機器に割り当てられる番号。通信先の相手を識別するために使われる
ゲートウェイ	異なるネットワーク同士を接続するための仕組み
ポート番号	通信先のアプリやソフトウェアを識別するための番号
DNS	ドメイン名とIPアドレスの紐づけを担う
NAT	プライベートIPアドレスとグローバルIPアドレスの変換を担う
コマンド	パソコンを操作するための命令。WindowsならコマンドプロンプトやPowerShell、Macならターミナルを使って実行する
ストレージ	データを長期間保管するための補助記憶装置
データベース	データの保存や管理、検索を担うソフトウェア
ライブラリ	汎用的なプログラム・機能をほかの人が使いやすいようにまとめたもの
Webアプリフレームワーク	Webアプリを開発しやすくするための機能や設定ファイルをまとめたもの
API	あるサービス上の機能やデータを使う際のインターフェース（窓口）

CHAPTER

2

コンテナとは
一体何もの？

section
01

コンテナって何？

コンテナの概要を理解

コンテナを動かす前に、「コンテナとは何か」について解説します。ただし、とりあえず動かしてみたい場合は、第3章に進んでもらっても構いません。

コンテナは隔離された「プロセス」

　新しい仮想化技術として注目されているコンテナは、ひと言でいうと、**「アプリとファイルシステムを隔離する特殊なプロセス」**です。いきなりそういわれても難しいですよね。**プロセス**とは、OS上で動作している1つ1つの処理のことです。要するに動作中の個々のプログラムを、「プロセス」と呼ぶと考えてください。アプリとファイルシステムを隔離するということは、1つの物理マシンの中で動いているにも関わらず、**そのプロセスの中だけが別マシンで動いているような状態になる**ということです。これが、従来の仮想化技術と異なるコンテナの仕組みです。

　コンテナを使うと、1つの物理マシン内で、互いに隔離された複数の仮想サーバーを構築できます。仮想マシン方式よりもシンプルな構成でこれらを実現できるため、人気が高く、近ごろのアプリ開発では欠かせない技術になっています。

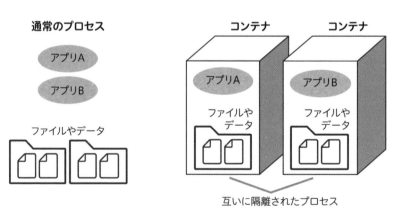

通常のプロセス　　　　コンテナ　　　コンテナ

アプリA

アプリB

ファイルやデータ

アプリA　　　アプリB

ファイルやデータ　ファイルやデータ

互いに隔離されたプロセス

　コンテナの名前の由来は、貨物の輸送に使われる「コンテナ」です。輸送用のコンテナは、外箱によって中身が外界と混ざらないよう隔離されています。また、サイズが規格化されているので、複数を並べたり積み上げたりして管理できるといったメリットもあります。これらの特徴が仮想化技術のコンテナに受け継がれているので、

輸送用のコンテナを想像することは、コンテナ技術の理解につながります。

コンテナの名前の由来は貨物輸送用の「コンテナ」

コンテナ技術のデファクトスタンダード「Docker」

　コンテナを使うには、コンテナを作成・実行するためのソフトウェアが必要です。このジャンルで有名なソフトウェアが**Docker（ドッカー）**です。「コンテナなら Docker」といわれるくらい、Docker はコンテナ技術のデファクトスタンダードになっています。コンテナの設計図となる「イメージ」を共有できる場所もあり、それを利用してコンテナを短時間で作成できるという、一種のエコシステムを形成しています。

　ちなみに Docker のキャラクターは、以下のページの左上に表示されているロゴにもありますが、背中にコンテナを載せたクジラです。とても有名なので、見たことがある方もいるのではないでしょうか。

・Docker
　https://www.docker.com/

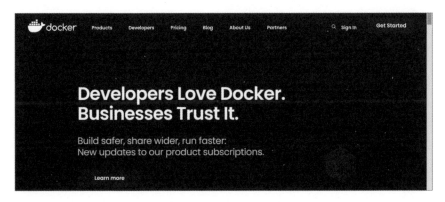

コンテナの仕組み

仮想マシンとの違いを
押さえよう

コンテナを使いこなすためには、コンテナがどんな構成で動くかを理解しておくことが重要です。

コンテナを使う際の構成

コンテナは、大まかな仕組みを頭に入れておかないと、使うことができません。まずは構成図を見て理解を深めましょう。コンテナは、物理マシン上のOS（**ホストOS**）にインストールされた、Dockerのようなソフトウェア上に作成されます。動作させたいアプリをコンテナ上に載せることで、隔離された仮想サーバーを簡単に作成できます。

コンテナは、1つの物理マシン上に複数作ることもできます。たとえば、Webサーバーとデータベースを組み合わせてWebアプリを構築したい場合は、WebサーバーとWebサーバー上で動作させるプログラムを載せるコンテナと、データベースを載せるコンテナで分けて、2つのコンテナ間で通信をさせる、といったことが可能です。

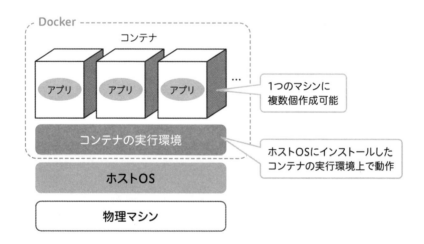

コンテナと仮想マシンはどう違う？

　コンテナが広く使われる以前にも、1つの物理マシンに複数の仮想化されたマシンを作る技術は存在しました。それが、P.20でも紹介した、仮想マシンです。たとえば、Windowsのマシン上に、Windowsの仮想マシンとLinuxの仮想マシンのように、異なるOSを持つ、複数の仮想的なマシンを作成するといったことが可能です。

　仮想マシンは、仮想化ソフトウェア上で動作します。そして、仮想マシンにはOSが含まれています。ホストOSと区別するために、仮想マシン内にあるOSは、**ゲストOS**と呼ばれます。

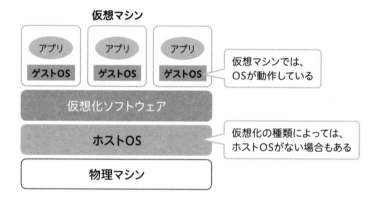

　コンテナと仮想マシンの2つの図を見比べると、「たいして変わらないじゃないか」と思うかもしれません。しかしコンテナでは、**コンテナ内にゲストOSを含みません。**厳密にはコンテナ内にもOS（Linux）の機能の一部が含まれ、このあとで紹介するDockerの利用例にも「〇〇Linuxのコンテナを作成する」といった話が出てきます。しかし、**コンテナにインストールするのはあくまで一部であり、OSのカーネル（OSの中核部分）はホストOSのものを使います。**仮想マシンにゲストOSをインストールするのとでは、処理にかかるコスト、つまりオーバーヘッドがかなり違うのです。

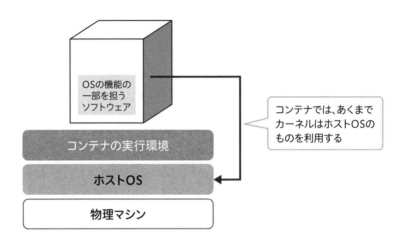

OSの機能の
一部を担う
ソフトウェア

コンテナの実行環境

ホストOS

物理マシン

コンテナでは、あくまで
カーネルはホストOSの
ものを利用する

　このように、ハードウェアをエミュレーションする仮想マシンという仕組みとゲスト OSが必要かどうかは、大きな違いです。どちらも非常にオーバーヘッドが大きく、導入に手間のかかるものだからです。その部分がないというのが、コンテナの大きなアドバンテージです。

　コンテナと仮想マシンの仕組みの違いについて、深く理解しておく必要はありませんが「コンテナはゲスト OSがないから軽量」という点は覚えておきましょう。

DockerはLinuxで動かすもの

　ここで押さえておきたいのは、**DockerはLinuxで動かすもの**という点です。そのため、コンテナ上で動作させるアプリも、Linux用のアプリとなります。コンテナは、ホストOSのカーネルを利用して動くので、WindowsやMacでDockerを使う場合は、**WindowsやMac上で動作するLinuxが必要です。**

　ただし、Docker社が提供している**Docker Desktop**というソフトウェアを使えば、WindowsやMacでも簡単に環境構築できるので、安心してください。

Point

仮想マシンだけではなく
仮想的なネットワークも存在する

仮想化技術には、仮想マシンだけではなく、ネットワークを仮想化した「ネットワーク仮想化」や、ストレージを仮想化した「ストレージ仮想化」などの種類があります。コンテナを使うにあたっては「ネットワーク仮想化」を、軽く押さえておきましょう。「ネットワーク仮想化」は、物理的なスイッチや NIC（ネットワークインターフェースカード）などのネットワーク機器をソフトウェアで置き換えることで、ネットワークを仮想化する技術です。仮想化することで、ネットワークの変更が容易、物理的な配線のわずらわしさから解放される、といったメリットがあります。たとえば仮想ネットワークを使うと、1 つの物理的なネットワークを複数の仮想ネットワークに分割したり、複数の物理的なネットワークを、1 つの大きな仮想ネットワークにしたりすることが可能です。

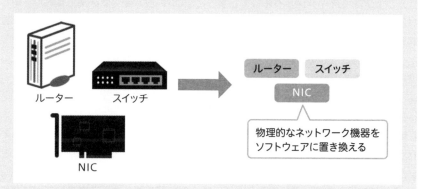

Docker では、コンテナ間の通信や、コンテナの外部と通信する際に、この仮想ネットワークが使われます。Docker におけるネットワークについては、P.143 で解説します。

コンテナのメリットと デメリット

コンテナの
メリットを追う

コンテナには多くのメリットがあります。「なぜコンテナなのか」を理解するためにも、メリットを紹介しておきましょう。

コンテナが持つたくさんのメリット

コンテナには、軽量であること以外にもさまざまなメリットがあります。

ホストOSを汚さずに環境構築できる

コンテナは隔離されたプロセスなので、ホストOSを汚しません。ホストOSにソフトウェアを直接インストールしてしまうと、OSの設定変更が必要だったり、同じソフトウェアのバージョン違いを共存できなかったりする場合があります。また、ホストOS上にある既存の環境を壊したくないけど、もう1つ環境を作りたい、といったケースもあるでしょう。コンテナなら、ホストOSを汚さずに、互いに干渉しない環境を複数作ることが可能です。

IaCを実現する

IaC (Infrastructure as Code) とは、アプリのインフラ構築を、コードを用いて行うことです。環境構築には、ソフトウェアをインストールして設定を変更して、という手順がいくつもあるので、ほかの人が同じ環境を作る場合に手間がかかります。Dockerではどんなコンテナを作るか、といった手順をまとめたテキストファイルをもとにコンテナを作れるので、そのテキストファイルさえあれば、ほかの人が別のマシンでコンテナを作るのは容易です。

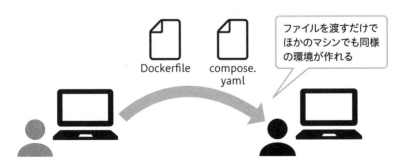

Dockerfile compose.
yaml

ファイルを渡すだけで
ほかのマシンでも同様
の環境が作れる

可搬性がある

　コンテナには、異なるOSやマシンでも同じ環境を再現できる、**可搬性（ポータビリティ）が高い**という性質があります。たとえば、開発環境で動いていたアプリが本番環境だと動かないといったケースはよくあります。これは、アプリの動作に必要なライブラリが足りていなかったり、異なるバージョンのライブラリが入っていたりといった、環境差異があるためです。

　コンテナは、アプリの動作に必要なライブラリや依存関係を含めてパッケージされたものなので、このような環境差異による不具合を避けることが可能です。

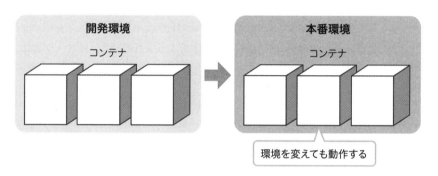

環境を変えても動作する

コンテナにもデメリットはある

　コンテナのデメリットはまず、**学習コストが必要**なことです。コンテナを作成、実行するだけなら、学習コストはそこまでかかりません。本書でも、コンテナの作成例を多く掲載することで、学習コストを押さえています。ただし、複数のコンテナを組み合わせたい場合や、本番環境で使いたい場合は、コンテナについての深い知識が必要です。また、コンテナにはLinuxのnamespaceやcgroupsという仕組みが使われているので、深く理解しようと思ったらLinuxの知識が欠かせません。そのためコンテナについてレベルアップを図りたいなら、Linuxの勉強をおすすめします。もし、大量のコンテナを使ってアプリを作るなら、コンテナの管理を行う**オーケストレーションツール**の知識も必要になってきます。有名なオーケストレーションツールには、**Kubernetes（クーベネティス）**があります。

　次に、コンテナには可搬性がありますが、厳密にいうと、コンテナはホストOSのカーネルを共有しているので、ホストOSのバージョン差異や互換性の有無によっては、ほかの環境で動作しない場合もあります。これも、コンテナのデメリットといえるでしょう。

section 04
コンテナを作るには
コンテナイメージが必要

イメージは
コンテナの「素」

コンテナを実際に作る際は、コンテナイメージとレジストリについて理解する
必要があります。

コンテナは「コンテナイメージ」から作られる

　コンテナは、**コンテナイメージ（以降、イメージ）** から作られます。イメージは、**コンテナを作成するためのテンプレート（鋳型）** のようなものです。イメージには、基本的なアプリやソフトウェアに加えて、コンテナを動かすのに必要なファイルシステムや、実行コマンド、メタ情報などが含まれています。コンテナに必要なファイルの集合体だと考えてください。たとえば、WebサーバーであるApacheのコンテナを作成するならApacheのイメージ、データベースであるMariaDBのコンテナを作成するならMariaDBのイメージを使います。

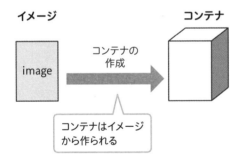

イメージ　　　　　　　　　　　コンテナ

image　　→　コンテナの作成

コンテナはイメージ
から作られる

　コンテナはP.26でも解説したように、あくまでプロセスなので、コンテナ自体をほかの環境に配布することはできません。しかしイメージはファイルの集合体なので、配布が可能です。そのため、イメージをほかの環境に配置すれば、同じコンテナをすぐに作成できます。たとえば、「アプリの実行環境」「プログラミング学習のための検証環境」といった、環境ごとパッケージしたものを多数の人に配布したい場合にも、イメージはよく使われます。イメージは、コンテナの可搬性を支える仕組みであるといえるでしょう。

　なお、1つのイメージから、コンテナは複数作成できます。そのため同じコンテナをたくさん作成したい場合でも、イメージをその数分用意する必要はありません。

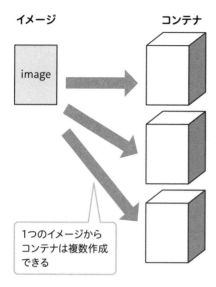

イメージ　　　　　　　　**コンテナ**

image

1つのイメージから
コンテナは複数作成
できる

イメージを保管する場所～レジストリ

　イメージは自分で作ることもできますが、インターネット上にイメージが集められた場所があります。この場所を**レジストリ**と呼び、Dockerでは**Docker Hub（ドッカーハブ）**と呼ばれる公式レジストリが提供されています。

　ゼロから自力でイメージを作ることはかなり難しいので、基本的にはレジストリにあるイメージを、そのまま使うか、カスタマイズして使います。

・Docker Hub
　https://hub.docker.com/

Docker Hubには、ApacheやWordPress、MariaDB、PostgreSQLなど、さまざまなソフトウェアの公式イメージが保管されています。これらのイメージを使うことで、それらのソフトウェアが動作するコンテナを簡単に作成できます。レジストリからイメージを取得することを、**プル (pull)** と呼びます。

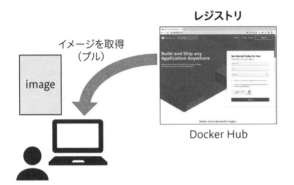

　また、もとのイメージに対してソフトウェアをインストールしたり、プログラムを配置したりして、独自のイメージを構築することもできます。Dockerでは、イメージを構築するのに、**Dockerfile (ドッカーファイル)** と呼ばれるテキストファイルを使います。Dockerfileを使ってイメージを構築することを、**ビルド (build)** と呼ぶこともあります。Dockerfileの詳細は、第4章で解説します。

　イメージのプルに対して、レジストリにイメージを登録することを、**プッシュ (push)** と呼びます。自分が作成したイメージを、ほかの環境で使いたい場合や、ほかのユーザーに使って欲しい場合などは、イメージをプッシュします。

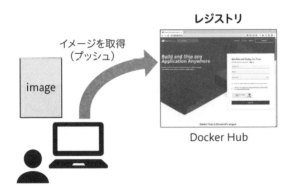

　このイメージのビルド、イメージをプッシュして共有、コンテナを実行、という一

連の手順は、Dockerにおいて大きなコンセプトとして掲げられており、Docker公式サイトのトップページにも掲載されています。

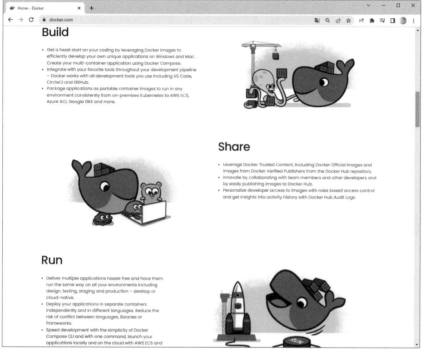

Dockerの公式サイトのトップページ（https://www.docker.com/）

イメージのバージョンは「タグ」を見るとわかる

　イメージは、含まれているソフトウェアのバージョンやツールが異なるものがいくつか用意されているので、自分が作りたい構成や環境に合わせて、最適なイメージを選ぶことができます。たとえば、Docker Hubに保管されているMariaDBのイメージは、10.6、10.7、10.8といった、MariaDBのバージョンごとに作られています。複数の派生イメージがある場合に、「10.6」「10.7」「10.8」という値は、それぞれのイメージに**タグ**として付与されています。タグとは、イメージに付与できるラベルのことです。タグは、レジストリ（Docker Hub）にあるイメージを識別するのに役立ちます。

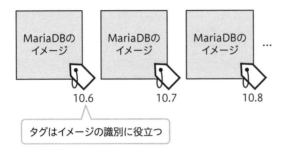

タグはイメージの識別に役立つ

　実際に、Docker Hubにある、MariaDBイメージのページを見てみましょう。Webブラウザで「https://hub.docker.com/_/mariadb」にアクセスしてください。なおDocker Hubでは、イメージを検索したりプルしたりするだけならアカウントは不要です。イメージをプッシュする際はアカウントが必要になります。

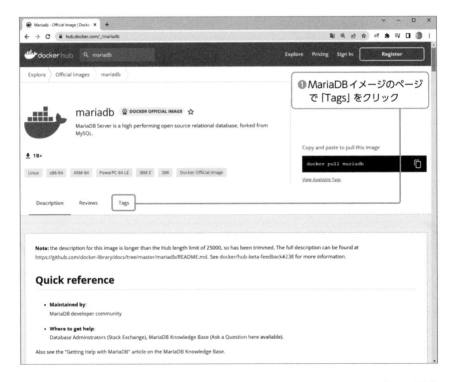

　そうすると、タグが一覧で表示されるので、MariaDBイメージには、多くの派生イメージがあるのがわかります。

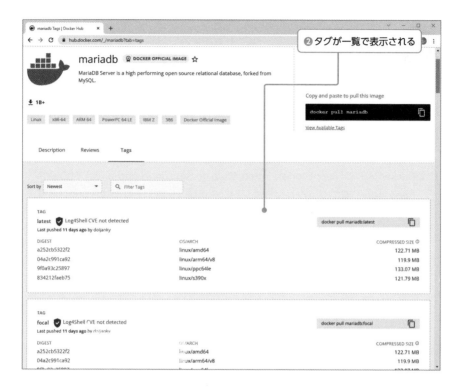

❷タグが一覧で表示される

　イメージをプルする際、**「docker image pull」コマンド**を使いますが、その際にタグを指定したい場合は、**「docker image pull イメージ名：タグ名」**という形で記述します。タグ名を指定せずに「イメージ名」のみだと、**タグがlatest（最新版）のイメージがプルされます。**このように、どのイメージをプルするかはタグによって指定することができます。

　プルやプッシュ、タグという言葉は、コンテナを触る際によく出てくるので、覚えておきましょう。

Column 自分が作成したイメージをプッシュするには

本書では、イメージへのタグの付与やプッシュについての詳細な説明は割愛しますが、大まかな流れは紹介しておきましょう。

自分が作成したイメージを Docker Hub へプッシュする手順は、以下の通りです。

①Docker Hub（https://hub.docker.com/）のアカウントを作成

②Docker Hub の「Repositories」（https://hub.docker.com/repositories）で［Create Repository］をクリックしてリポジトリを作成。リポジトリとは、レジストリ（Docker Hub）内でイメージを管理する単位のこと

③CLI（PowerShell やターミナルなど）を起動

④①のアカウント情報を使って、「docker login」コマンドでログイン

⑤「docker image tag」コマンドでタグを作成

⑥「docker image push」コマンドでイメージをプッシュ

なお、Docker Hub のアカウントには、無料プランと有料プランがあるので、コンテナの学習やひとまず使ってみたいという場合は、無料プランにするとよいでしょう。

Docker Hubのリポジトリ作成画面

「docker image push」コマンドでイメージをプッシュ

#ライフサイクル／#dockerコマンド

コンテナには
ライフサイクルがある

コンテナは作っては
削除を繰り返す

コンテナには、いくつかの「状態」があります。この「状態」を理解することは、
コンテナを操作する際に非常に重要です。

コンテナが生まれてから消えるまで

　イメージから作成したコンテナは「実行」することで、コンテナ上のソフトウェア
やアプリを動作させることができます。そして、不要になったら、コンテナの「停止」
と「削除」を行います。このように、コンテナには、いくつかの状態があります。パ
ソコンに直接インストールしたアプリも、インストール、起動、終了、といった状態
がありますね。それと同じようなものと考えてください。このコンテナの状態の移り
変わりを、**コンテナのライフサイクル**と呼びます。

　コンテナが取りうる主な状態を紹介しましょう。

「作成」

　イメージからコンテナを作成した状態です。あくまで作成しただけなので、そのコ
ンテナに載せたアプリは動作していませんし、コンテナ内にアクセスすることはでき
ません。

「実行」

　コンテナを動作させた状態です。

「停止」

　実行していたコンテナを停止させた状態です。停止させたあとに、コンテナを再度
実行することも可能です。

「削除」

　コンテナを削除した状態です。コンテナを再び実行するには、コンテナの再作成が
必要です。

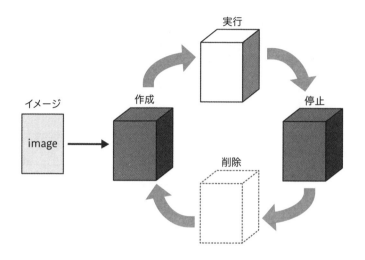

　Dockerでは、コンテナの状態を変化させるのに、**dockerコマンド**を使います。たとえば、コンテナを作成するには「docker container create」、コンテナを実行するには「docker container run」、といったコマンドが用意されています。

なぜコンテナは「作っては削除」するのか？

　「コンテナは作っては削除」が基本です。「作っては削除」というと、効率的ではないと思うかもしれませんが、コンテナの大きな特長でもあります。たとえば、物理マシンに直接、アプリの実行環境を構築する場合、必要なソフトウェアを1つずつインストールすることが必要です。そして、その環境を削除する場合は、ソフトウェアを1つずつアンインストールしていく必要があります。対してコンテナは、作っては削除する、ことが簡単です。つまり、コンテナの作成・削除コストが非常に低いので、**作成したコンテナを変更して使い続けるより、削除して作り直すほうが手間がかからない**ということです。

　なお、コンテナを削除すると、コンテナ内のデータも合わせて削除されます。もしデータを削除したくないなら、データの永続化が必要です。永続化とは、プログラムやソフトウェアが終了しても、紐付くデータを削除せずに保存しておくことです。Dockerには、データの永続化を行う「ボリューム」「バインドマウント」という機能が用意されています。本機能については、第4章で詳細を解説します。

CHAPTER

3

Dockerを使うための
環境を構築しよう

section 01

Dockerのアーキテクチャ

Dockerの全体像を理解

本章ではDockerのインストールを行いますが、その前に、Dockerがどのようなアーキテクチャなのかをざっと押さえておきましょう。

Dockerはクライアント・サーバーシステム

Dockerは、クライアント・サーバーシステムです。クライアント・サーバーシステムについては、第1章で解説しましたね。Dockerは主に、Dockerクライアント、Dockerデーモン、レジストリの3つの要素で構成されています。

Dockerクライアント

Dockerを操作するには、クライアントから、Dockerが動作するサーバーに対して、リクエストを発行します。クライアントでは、Dockerを操作するための**dockerコマンド**を、WindowsならコマンドプロンプトやPowerShell、Macならターミナルを使って実行します。また、Dockerの一部操作には、後述するDocker DesktopというGUIツールも使うこともできます。このように、同じDockerデーモンに対して、CLIを使ったりGUIを使ったりできるのは、個々の部品を差し替えやすいという、クライアント・サーバーシステムの特長によるものといえます。

Dockerデーモン

クライアントからのリクエストを受け取るのは、**Dockerデーモン**と呼ばれるソフトウェアです。Dockerデーモンは、クライアントからのリクエストを受け付け、コンテナの作成や実行、イメージのプルなどを管理します。DockerクライアントとDockerデーモン間は、REST APIを使って通信が行われます。REST APIは、API（P.24）の一種です。シンプルで柔軟性も高いので、Webアプリの機能やデータを提供する際によく使われているAPIです。

レジストリ

イメージは、Docker Hub（ドッカーハブ）などのレジストリからプルします。レジストリは、全世界の人が見えるように公開するだけではなく、組織や開発チーム内などのみ使えるプライベートレジストリとして作成することも可能です。

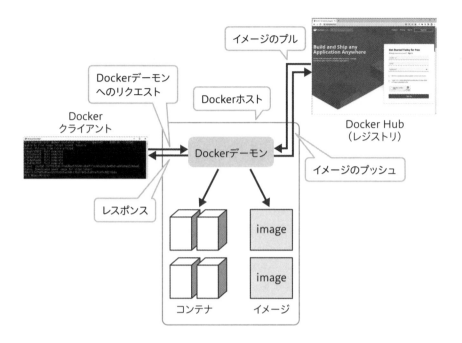

クライアントとサーバーは別マシンになる？

　Dockerでは、別の物理マシンで動作するDockerをリモートで操作することが可能です。また、クライアントとサーバーを同じ物理マシン上に存在させることもできます。本書では、Docker Desktopをインストールして、クライアントとサーバーが同じ物理マシン上にある構成を使います。

section
02

Dockerを始めるには

Docker Desktopで
簡単に環境構築

本書では、Docker Desktopを使います。Docker Desktopをインストールすると、Dockerをすぐに使い始めることができます。

Dockerを気軽に始められる「Docker Desktop」

Dockerは、Linux、Windows、Macのどれでも動かすことができますが、本書では、WindowsとMacでの使用を前提とします。WindowsやMacでDockerを使うには、**Docker Desktop（ドッカー・デスクトップ）**と呼ばれるソフトウェアをインストールします。

Docker Desktopは、インストールが簡単でかつGUIが付属しているので、気軽にDockerを使い始めることができます。

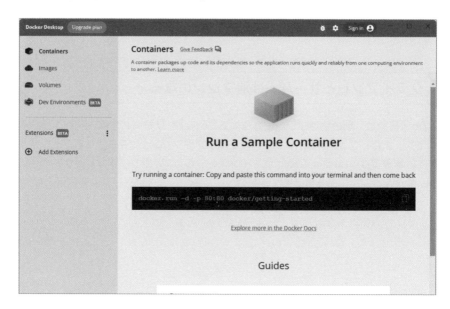

Docker Desktopには、P.44でも解説したDockerクライアントやDockerデーモンなどが含まれています。

Docker Desktopは有償？

　Docker Desktopはこれまで無料で提供されてきましたが、2021年9月に、一部条件での利用が有償化しました。といっても、個人利用や学習目的、中小企業で使うには、これまで通り無料で使えます。**大企業（250人以上の従業員または年間収益が1,000万ドル以上）でDocker Desktopを商用利用する場合は、有償のサブスクリプションが必要**なので、注意しましょう。詳しくは下記URLを参照してください。

・有償化に関するDocker社の公式ブログ
　https://www.docker.com/blog/updating-product-subscriptions/
・Dockerの有償サブスクリプション
　https://www.docker.com/pricing/

Docker Desktopの使用要件 ～Windowsの場合

　WindowsでDocker Desktopを使うには、以下の使用要件を満たす必要があります。

・SLAT（仮想化支援）機能を備えた64ビットプロセッサ
・メモリは4GB以上
・BIOSでvirtualizationが有効
・WSL2が有効、または、Hyper-VとContainersが有効

　SLAT機能とvirtualizationはハードウェアの仮想化支援機能、WSL2とHyper-VはWindowsに含まれる仮想化ソフトウェアの名前です。WSL2とHyper-Vについては後ほどもう少し説明します。上記を満たすWindows 11と10は、以下となります。

・Windows 11の場合
　HomeまたはProバージョン21H2以降。または、EnterpriseまたはEducationバージョン21H2以降

・Windows 10の場合
　HomeまたはPro 2004（ビルド19041）以降。または、EnterpriseまたはEducation 1909（ビルド18363）以降

3

Dockerを使うための環境を構築しよう

なお、HomeではHyper-Vでの使用はできないので、HomeではWSL2を使い、ProではWSL2かHyper-Vのどちらかを使います。

　使用要件を紹介はしましたが、もし要件を満たしていない場合は、インストール時にエラーが出るため、ひとまずインストールしてみるのが手っ取り早い方法です。本書では、Windows HomeでWSL2を有効にすることで、Dockerを使います。

Docker Desktopの使用要件 〜Macの場合

MacでDocker Desktopを使うには、以下の使用要件を満たす必要があります。

・メモリは4GB以上
・最新バージョンの2つ前までのmacOS（最新の2つ前のOSまでがサポート対象）

　Dockerは、IntelチップMac、AppleシリコンMac（M1 Mac）ともに使うことができますが、AppleシリコンMacの場合は、**Rosetta2**のインストールが推奨されています。Rosetta2とは、Intelチップ用に作られたアプリをAppleシリコンMacで使えるようにするためのソフトウェアです。

AppleシリコンMacでDockerを使うには注意が必要

　そもそもLinuxでは、プロセッサアーキテクチャに、Intelアーキテクチャ（Intelチップ）がよく使われていました。そのためDocker Hubには、Intelアーキテクチャに対応した数多くのイメージが保管されています。しかしAppleシリコンMacの登場により、コンテナの利用に課題が生まれました。AppleシリコンMacはARMアーキテクチャという、異なったプロセッサアーキテクチャなので、Docker Desktopがうまく動かなかったり対応したイメージがなかったりしたためです。

　その後、2021年4月に、AppleシリコンMac用のDocker Desktopがリリースされ、AppleシリコンMacでもDockerが簡単に利用できるようになりました。ただし依然として、イメージによってはARMアーキテクチャ用のものが配布されていないことがあるので、注意が必要です。もし、Intelアーキテクチャ用のイメージを、AppleシリコンMacで使おうとした場合は、コンテナの実行時に「no matching manifest for linux/arm64/v8 in the manifest list entries」エラーや、「WARNING: The requested image's platform (linux/amd64) does not match the detected host platform (linux/arm64/v8) and no specific platform was requested」エラーが表示されます。これはどちらも、「対象のイメージがARMアーキテクチャ用ではない」ことを表すエラーです。

　たとえばNoSQLデータベースである、OrientDBのイメージをAppleシリコンMacでプルしようとすると、以下のエラーメッセージが表示されます。

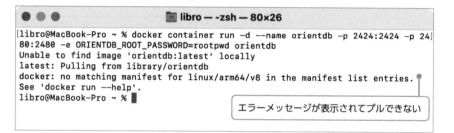

　どのCPU用にビルドされたイメージかを調べるには、Docker Hubの「OS/ARCH」（OSとプロセッサアーキテクチャの意味）列を参照します。

　OrientDBの公式イメージで、タグがlatestのものを確認すると、「OS/ARCH」列に「linux/arm64/v8」が表示されていません。これは、AppleシリコンMacで利用できるイメージが配布されていないことを表します。

　一方たとえば、MariaDBの公式イメージでタグが「latest」のものを確認すると、「linux/arm64/v8」が表示されています。これは、AppleシリコンMacで利用できることを表します。

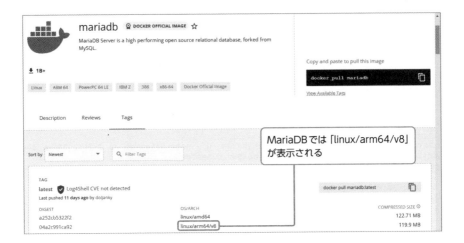

なお、有名なデータベースであるMySQLは長らく、AppleシリコンMac用のイメージが配布されていませんでしたが、2022年7月に配布が開始されました（ただし、一部のタグのみ）。このように、AppleシリコンMac用のイメージは配布されつつありますが、イメージを探す際は「OS/ARCH」列を確認しておくのがよいでしょう。

　もし、AppleシリコンMacでコンテナが動作しない、もしくはエラーが発生する場合は、Docker社の以下のページも合わせて参照することをおすすめします。

・Docker Desktop for Apple silicon
　https://docs.docker.com/desktop/mac/apple-silicon/#known-issues

 Column

Apple シリコン Mac で
Intel アーキテクチャ用イメージを使う方法

実は、Intel アーキテクチャ用イメージを Apple シリコン Mac で使う方法もあります。それは、「--platform」オプションを使う方法です。

コンテナを実行する「docker container run」コマンドで「--platform linux/amd64」オプションを付与すると、Intel アーキテクチャ用イメージを取得してコンテナの作成が可能です。

ただし、Docker 公式ドキュメントでも、この方法は「ベストエフォートである」と記載されています。つまり、うまく動作しない可能性があるということです。そのため、対応したイメージを探して利用するほうがよいでしょう。

インストール／# WSL2

Dockerのインストール
〜Windows編

WindowsにDocker
をインストール

ここでは、WindowsにDockerをインストールする方法について解説します。
WindowsではWSL2の有効化が必要なので、その点も確認しておきましょう。

3

Dockerを使うための環境を構築しよう

WindowsではWSL2の有効化が必要

WindowsでDockerを使うには、WSL2が有効、または、Hyper-VとContainers
が有効の必要があることは、すでに述べました。もともと、WindowsでDocker
を使うには、Hyper-Vが必要でした。Hyper-Vは仮想化ソフトウェアの1つで、
Windows Proに同梱されています。そのため、Windows Homeのユーザーが
Dockerを使うには、別途仮想化ソフトウェアの導入が必要でした。しかし、WSL2
上でDockerを動かせるようになったことで、Windowsユーザーがより手軽に
Dockerを使えるようになりました。

WSL2（Windows Subsystem for Linux 2） とは、Windows上で動かせる
Linuxの実行環境です。本書では、WSL2を有効にすることで、Dockerを使います。
Docker公式でも、Hyper-Vではなく、WSL2の使用が推奨されています。

WSL2を使用した際の構成は、大まかに以下の図のようになります。

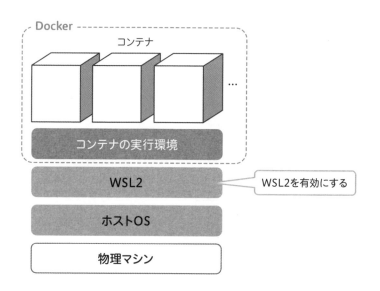

WSL2を有効にする

Docker Desktopをインストールする前に、まずは、WSL2を有効にしましょう。ここではWindows 11 Homeの画面で説明しますが、Pro版やWindows 10でもほとんど同様に操作できます。

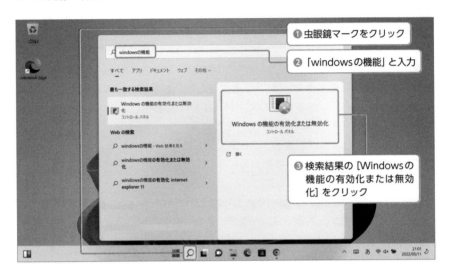

❶ 虫眼鏡マークをクリック

❷ 「windowsの機能」と入力

❸ 検索結果の［Windowsの機能の有効化または無効化］をクリック

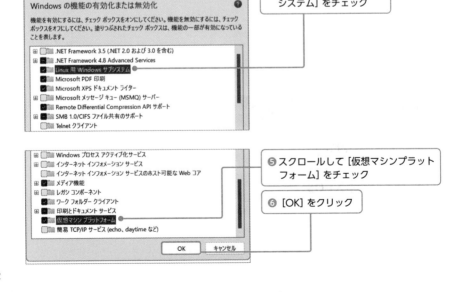

❹ ［Linux用Windowsサブシステム］をチェック

❺ スクロールして［仮想マシンプラットフォーム］をチェック

❻ ［OK］をクリック

　再起動を要求されたら、パソコンを再起動します。そして、WSL2の最新のパッケージを以下よりインストールします。Webブラウザで、以下のURLにアクセスしてください。

・x64マシン用WSL2 Linuxカーネル更新プログラムパッケージ
https://wslstorestorage.blob.core.windows.net/wslblob/wsl_update_x64.msi

　ダウンロードしたインストーラーをダブルクリックして表示された画面で、次の手順を実施します。

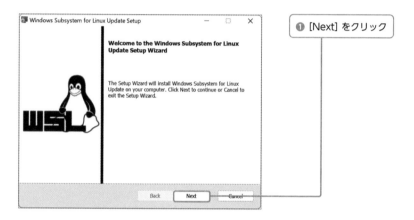

❶ [Next] をクリック

　Windowsの「このアプリがデバイスに変更を加えることを許可しますか?」というダイアログが表示された場合は、[はい] をクリックするとインストールが始まります。インストールが終わると、次の画面が表示されます。

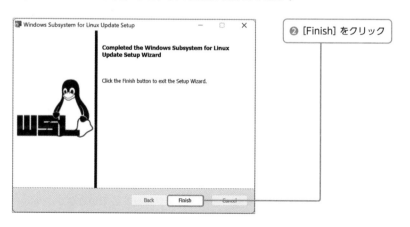

❷ [Finish] をクリック

3

Dockerを使うための環境を構築しよう

Docker Desktopのインストール

次は、Docker Desktopをインストールします。Webブラウザで、以下のページに
アクセスしてください。

・Install Docker Desktop on Windows
　https://docs.docker.com/desktop/install/windows-install/

ダウンロードしたインストーラー（「Docker Desktop Installer.exe」ファイル）を、
ダブルクリックします。

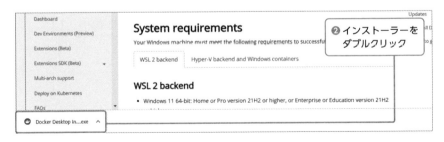

ここでも、Windowsの「このアプリがデバイスに変更を加えることを許可します
か？」というダイアログが表示された場合は、［はい］をクリックしてください。
その後は、表示される画面の指示に従ってボタンをクリックしていきます。

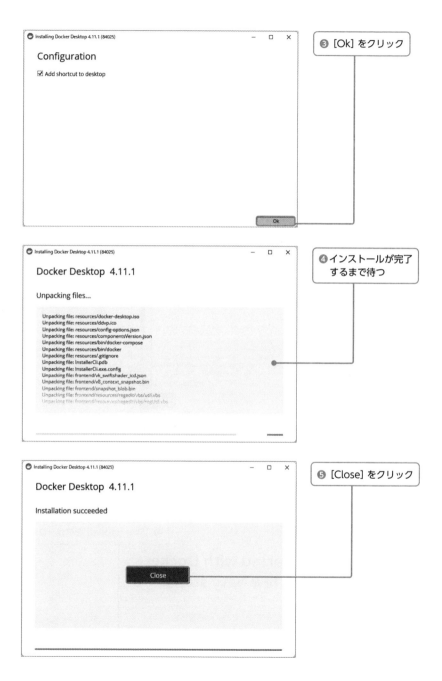

❸ [Ok] をクリック

❹ インストールが完了
するまで待つ

❺ [Close] をクリック

3

Dockerを使うための環境を構築しよう

もしパソコンがサインアウトした場合は、再ログインしてください。

Docker Desktopを起動する

　インストールしたDocker Desktopは自動で起動します。もし、自動で起動しない場合は、Windowsのスタートメニューから起動してください。

　初回起動時には、以下の画面が表示されます。内容を確認して、[Accept] をクリックします。

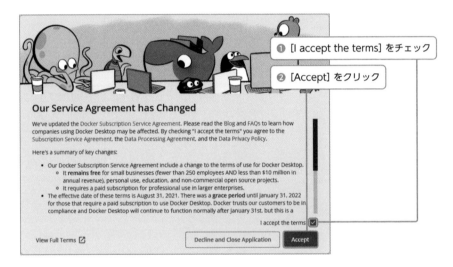

　チュートリアルが表示されます。ここではスキップしますが、もし試したい場合は [Start] をクリックします。

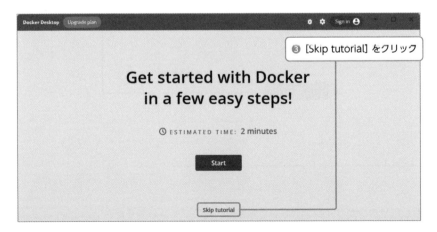

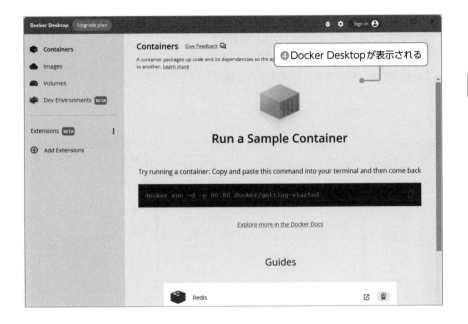

④Docker Desktopが表示される

　Dockerが起動していると、タスクトレイにクジラのアイコンが表示されるので、確認しておきましょう。

⑤タスクトレイにクジラのアイコンが表示される

　初回以降、Docker Desktopの画面を起動する場合は、クジラのアイコンをクリックします。もし、タスクトレイにクジラのアイコンが表示されていないなら、Windowsのスタートメニューから Docker Desktopを起動しましょう。

拡張子が表示されていない場合は

Dockerを使う際、テキストファイルの編集を行うことが多いので、ファイルの拡張子が表示されていないと、少々不便です。そのためファイルの拡張子を表示する設定にしていない場合は、ここで設定変更しておきましょう。

❶エクスプローラーで
[表示]→[表示]の
順にクリック

❷[ファイル名拡張子]
をクリック

❸拡張子が表示された

#インストール／#Rosetta2

Dockerのインストール
〜Mac編

MacにDockerを
インストール

ここでは、MacにDockerをインストールする方法について解説します。Mac
ではRosetta2のインストールが推奨されているので、実施しておきましょう。

3

Dockerを使うための環境を構築しよう

Docker Desktopのインストール

　Mac用のDocker Desktopをインストールします。AppleシリコンMacの場合は
事前に、ターミナルで以下のコマンドを実行して、Rosetta2をインストールしてお
きましょう。ターミナルの起動方法はP.71を参照してください。

```
softwareupdate --install-rosetta
```

　Webブラウザで、以下のページにアクセスしてください。

・Install Docker Desktop on Mac
　https://docs.docker.com/desktop/install/mac-install/

　IntelチップMacの場合は [Mac with Intel chip]、AppleシリコンMacの場合は
[Mac with Apple chip] をクリックしてください。

ダウンロードしたインストーラーをダブルクリックすると、次の画面が表示されるので、画面内に表示された、Docker のクジラのアイコンを、Finder で表示した「アプリケーション」フォルダーにドラッグ＆ドロップします。

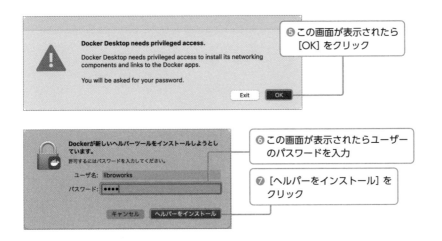

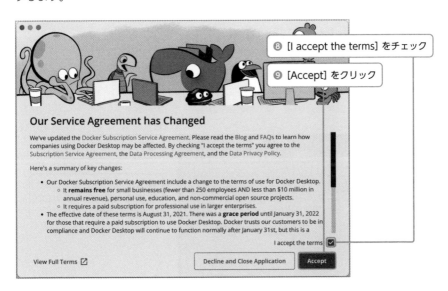

初回起動時には、以下の画面が表示されます。内容を確認して、[Accept] をクリックします。

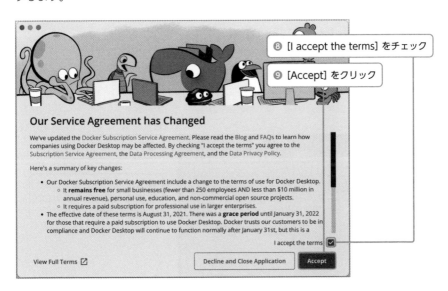

その後、Docker Desktopが自動で起動します。起動したDocker Desktopには「Get started with Docker in a few easy steps!」という文言が表示されるので、そこで [Skip tutorial] をクリックします。なお、チュートリアルを試したいなら、[Start] をクリックします。

Docker Desktopを起動する

　Dockerが起動していると、トップステータスバーにクジラのアイコンが表示されます。初回以降、Docker Desktopの画面を起動する場合は、クジラのアイコンをクリックします。

❶アイコンをクリック

❷ [Dashboard] をクリックするとDocker Desktopの画面が表示される

　もし、トップステータスバーにクジラのアイコンが表示されていないなら、Launchpadや「アプリケーション」フォルダーからDocker Desktopを起動しましょう。

拡張子が表示されていない場合は

　Windows同様、ファイルの拡張子を表示する設定にしていない場合は、ここで設定変更しておきましょう。

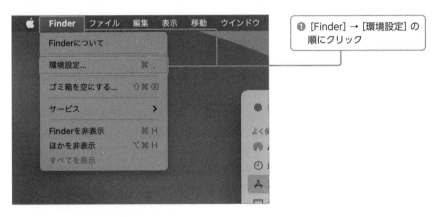

❶ [Finder] → [環境設定] の順にクリック

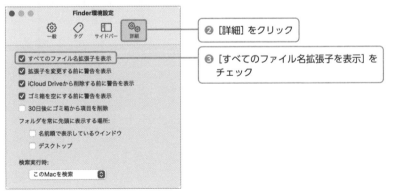

❷ [詳細] をクリック

❸ [すべてのファイル名拡張子を表示] をチェック

3

Dockerを使うための環境を構築しよう

Mac での動作を高速化するには

Mac では特定の条件下で、コンテナの動作が異常に重くなる現象が起きることがあります。その場合は「VirtioFS」というオプションを有効にすると、高速化が見込めます。ただし、あくまでプレビュー機能であり、有効にするには macOS12.2 以降が必要です。そのため、「重い」場合は試しに利用してみてもよいでしょう。有効にするには、Docker Desktop の設定画面（P.69）で ［Experimental features］ をクリックします。

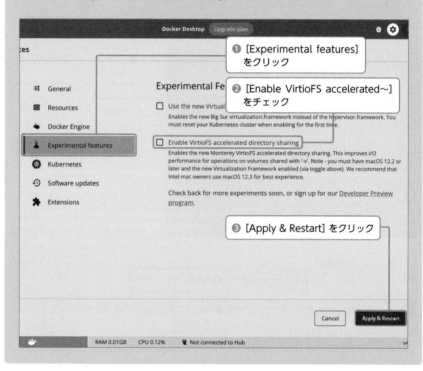

section

05

Dockerを GUIで
操作する

Docker Desktopの使い方

Docker Desktopでも、コンテナの起動や停止、削除など、基本的な操作は可能です。

3

Dockerを使うための環境を構築しよう

Docker Desktopでよく使う3つのタブ

　Dockerの操作は基本的に、Dockerに用意されているコマンド（dockerコマンド）で行います。しかしDocker Desktopでも簡単な操作はできるので、たとえばコンテナを一覧で見たい場合など、dockerコマンドを使うのが手間なときに、併用するとよいでしょう。また、Docker DesktopならGUIで操作できるので、初心者でも直感的に操作がしやすいのはメリットです。
　Docker Desktopで主に使うのは、「Containers」「Images」「Volumes」という3つのタブです。

「Containers」タブ

　「Containers」タブでは、作成済みのコンテナが一覧で表示されます。作成済みのコンテナが1つ以上ある場合の画面は、以下の通りです。検索ボックスにキーワードを入力すると、コンテナを検索できます。また、列名をクリックすると、並べ替えも行えます。

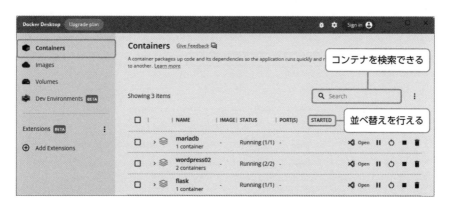

コンテナの左横にあるアイコンは、コンテナの状態によって色が変わります。コンテナが実行中の場合は緑、停止の場合はグレー、エラーがある場合は赤で表示されます。

　また、画面の右側には、コンテナの「起動」「停止」「削除」を行うボタンが表示されます。

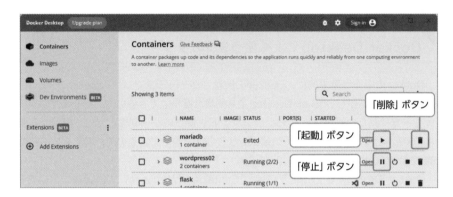

「Images」タブ

　「Images」タブでは、取得済みのイメージが一覧で表示されます。検索ボックスにキーワードを入力すると、イメージを検索できます。

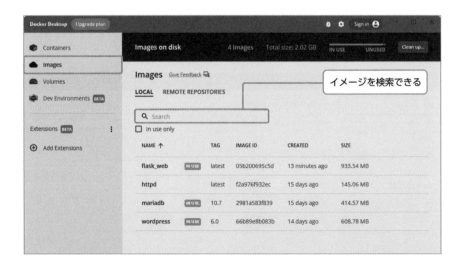

　対象のイメージにカーソルを合わせると、イメージの削除やプッシュを行うメニューが表示されます。

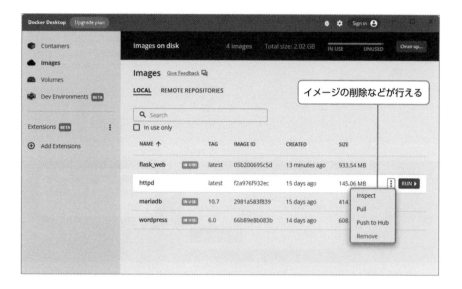

イメージの削除などが行える

　取得済みのイメージが増えると容量を圧迫する原因になるので、使用していないイメージは随時、削除するとよいでしょう。使用していないイメージを削除する手順は、次の通りです。

❶ [Clean up…] をクリック

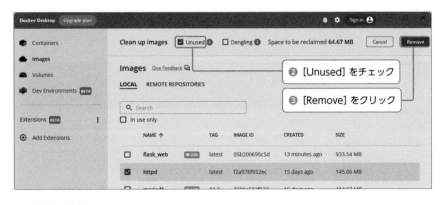

❷ [Unused] をチェック

❸ [Remove] をクリック

❹ 削除されるイメージを
確認してから [Delete
forever] をクリック

「Volumes」タブ

「Volumes」タブでは、作成済みのボリュームが一覧で表示されます。ボリュームの詳細は後述 (P.126参照) しますが、ボリュームはコンテナのデータを保存する場所のことです。検索ボックスにキーワードを入力すると、ボリュームを検索できます。

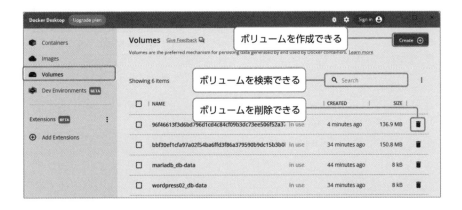

Docker Desktopの設定を変更するには

Docker Desktopの上部にあるボタンをクリックすると、Docker Desktopの設定画面が表示されます。設定を変更することはあまりないと思いますが、新しいバージョンのDocker Desktopがリリースされた場合は設定メニュー内に表示されるので、覚えておきましょう。

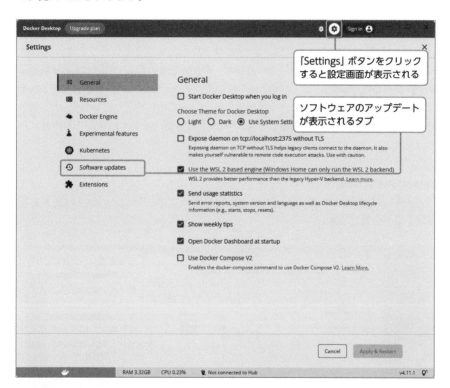

「Settings」ボタンをクリックすると設定画面が表示される

ソフトウェアのアップデートが表示されるタブ

3

Dockerを使うための環境を構築しよう

Docker Desktop の自動起動に関する設定

Docker Desktop の設定画面では、パソコン起動時に、Docker Desktop を自動で起動するように設定できます。上記の「General」画面で、[Start Docker Desktop when you log in] をチェックして [Apply&Restart] をクリックすると、Docker Desktop が自動で起動するようになります。もし、自動で起動したくない場合は、チェックをオフにします。Docker の利用頻度にあわせて設定してみましょう。

#コマンド操作／#PowerShellとターミナル

Dockerを使う際に知っておきたいコマンド操作

基本コマンドを
押さえよう

Dockerはdockerコマンドで操作します。その前に、CLIの起動方法や基本的なコマンドについて解説しておきましょう。

コマンド実行に使うCLIを起動する

　Dockerを細かく操作するには、dockerコマンドを使う必要があります。dockerコマンドについての詳細は後述（P.76参照）するのでその前に、**CLI（コマンドラインインターフェース）** について確認しておきましょう。CLIは、**コマンド** と呼ばれる命令文を入力することでパソコンを操作できるツールのことです。Windowsでは**コマンドプロンプトやPowerShell**、Macでは**ターミナル**というCLIツールが用意されています。

PowerShellの起動方法

　Windowsの場合、本書では、PowerShellを使います。PowerShellを起動する手順は、以下の通りです。

❶虫眼鏡マークをクリック

❷「powershell」と入力

❸[Windows PowerShell]をクリック

❹PowerShellが起動した

ターミナルの起動方法

Macでターミナルを起動する手順は、以下の通りです。

❶Launchpadを起動

❷Launchpadで［ターミナル］をクリック

③ターミナルが起動した

カレントフォルダーを移動する

PowerShellやターミナルでは現在位置のフォルダー（以降、カレントフォルダー）のパスが表示されています。PowerShellやターミナルで実行するコマンドは、このカレントフォルダー上で実行されます。そのため、Dockerfileなどコンテナの作成に必要なファイルが別のフォルダーにある場合は、PowerShellやターミナル上でそのフォルダーに移動します。カレントフォルダーの移動は**cdコマンド**で行います。

書式：CLI上でのパス移動

cd 移動先のパス

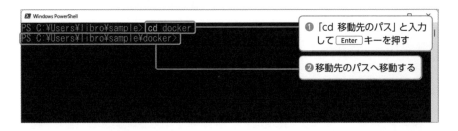

❶ 「cd 移動先のパス」と入力して [Enter] キーを押す

❷ 移動先のパスへ移動する

　カレントフォルダーから1つ上のフォルダーに移動したい場合は、cdコマンドのあとに「..」を入力します。

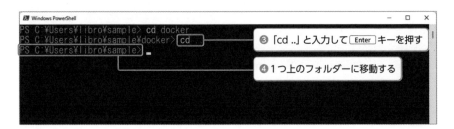

❸ 「cd ..」と入力して [Enter] キーを押す

❹ 1つ上のフォルダーに移動する

カレントフォルダーにあるファイル名を表示する

「cd」コマンドを使う際、パスの入力が手間なら、 Tab キーを利用しましょう。 Tab キーを押していくと、カレントフォルダーにあるフォルダーやファイルの名前が順番に表示されます。コマンドに指定したいファイル名が長い場合は、使用してみましょう。

❶「cd 」を入力した状態で Tab キーを押す

❷ カレントにあるフォルダーやファイルの名前が順に表示される

Point　　ファイルやフォルダーの　　パスを貼り付けるには

該当のフォルダーを PowerShell やターミナル上に、ドラッグ＆ドロップすると、絶対パスを貼り付けできます。カレントフォルダーとはまったく異なるパスに移動したい場合に活用してみましょう。

❶ 選択したフォルダーをドラッグ＆ドロップ

❷ パスが貼り付けされる

3

Dockerを使うための環境を構築しよう

実行したコマンドの履歴を表示する

コマンドは1文字間違ってもエラーになるので、何度も正確に入力するのは手間です。そういった場合は「履歴」を使いましょう。たとえば、コンテナの実行と停止を繰り返しているとき、コンテナを実行する「docker compose up -d」コマンドを毎回入力するのは少々手間です。PowerShellやターミナルで↑キーを押していくと、これまで実行したコマンドの履歴が順番に表示されます。

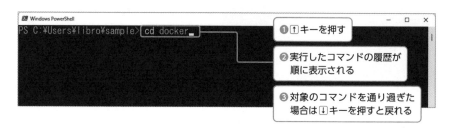

画面表示をクリアする

最後に、Tips的な内容ですが、知っておくと便利な「cls」コマンドについて紹介しましょう。

PowerShellやターミナル上で続けて何度もコマンドを実行していくと、入力したコマンドやログが多く表示された画面になるので、少々見づらくなります。そんなときは、PowerShellでは「cls」コマンド、ターミナルでは「clear」コマンドを使います。

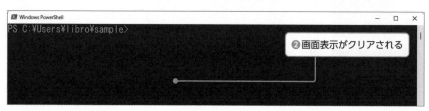

CHAPTER

4

Dockerを使った
仮想サーバー構築に
挑戦！

#コンテナ作成／#runコマンド

Dockerでコンテナを
作成するには

Dockerのインストールが完了したら、さっそく、コンテナを作成してみましょう。Dockerでは、コンテナの作成や削除は、コマンドを使って行います。

Dockerはコマンドで操作する

Dockerの操作は基本的に、**dockerコマンド**で行います。第3章でインストールしたDocker Desktop上でボタンをクリックすれば、コンテナの起動や停止といった操作はできます。しかし細かい操作やオプションの指定はできないので、dockerコマンドを使う必要があります。dockerコマンドは、WindowsならコマンドプロンプトやPowerShell、Macならターミナルを使って実行します。

Dockerにはたくさんのコマンドが用意されていますが、コンテナの起動や停止などよく行う操作のコマンドをひとまず押さえておけば、あまり困らないでしょう。「コマンド操作だと難しそう」「コマンド操作が苦手」と思う人でも、コンテナの作成は簡単に行えるので、身構える必要はありません。

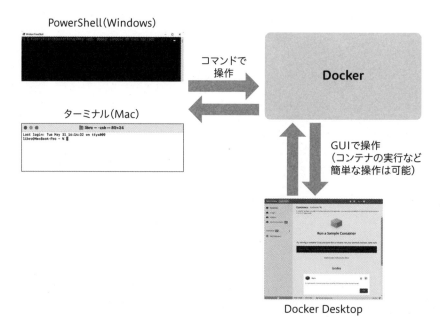

PowerShell(Windows)

ターミナル(Mac)

コマンドで
操作

Docker

GUIで操作
（コンテナの実行など
簡単な操作は可能）

Docker Desktop

dockerコマンドは「対象」と「操作」を指定して使うもの

dockerコマンドは基本的には以下のように、「docker」のあとに「対象」、続いて「操作」を指定します。「対象」は「何を」にあたるもの、「操作」はどんな処理を行うかを表すもの、だと考えてください。

書式：docker コマンド

```
docker 対象 操作
```

たとえば、コンテナを作成・実行するコマンドは「docker container run」ですが、これは「対象」が「container（コンテナ）」、「操作」が「run（実行）」であることを表しています。

```
docker container run
```

「対象」を表す　　「操作」を表す

コマンドによっては、「操作」以降には、「操作」に必要な**パラメータ（引数）**や、「操作」の詳細設定を行う**オプション**を指定します。たとえば先ほどの「docker container run」コマンドでは、パラメータとして、コンテナのもととなるイメージを指定します。また、コンテナの名前を指定するための「--name」オプションや、ポート番号を指定するための「-p」オプションなどが用意されています。パラメータやオプションは、どういう処理を行いたいかに合わせて指定します。

「docker container run」コマンドでApacheのコンテナを作る際、コンテナ名を「apache01」、ポート番号の指定を「8080:80」とする場合は、次のようになります。

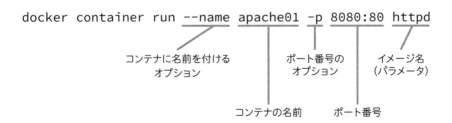

```
docker container run --name apache01 -p 8080:80 httpd
```

コンテナに名前を付ける　　　　　　　ポート番号の　　　　イメージ名
オプション　　　　　　　　　　　　　　オプション　　　　（パラメータ）

コンテナの名前　　　ポート番号

ポート番号は、コンテナと通信をするために必要な設定です。詳細はP.146で解説するので、ここでは「通信に必要なもの」とだけ押さえておいてください。
　「対象」には「container」以外にも、イメージを表す「image」や、コンテナのネットワークを表す「network」といった種類があります。主なコマンドを紹介しましょう。

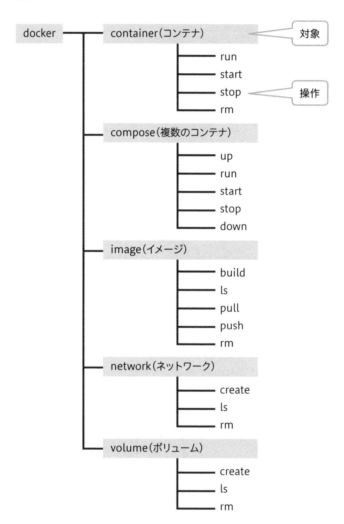

dockerコマンドでApacheのコンテナを作成してみよう

では、dockerコマンドでコンテナを作成してみましょう。コマンドの詳細は後の
セクションで解説するので、ひとまずコンテナを作る感覚をつかみましょう。ここで
はApacheのコンテナを作ります。Apacheとは、オープンソースのWebサーバーソ
フトウェアです。

・Apache
https://httpd.apache.org/

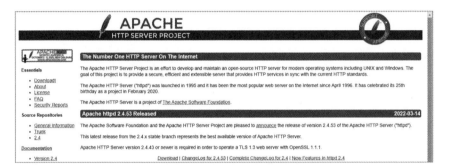

コンテナを作るにはイメージが必要なので、Docker Hubに登録されている、
Apacheのイメージを使います。イメージの名前は、Apacheではなく「httpd」なの
で、注意してください。

使用するイメージ

イメージ名	Docker HubのURL
httpd	https://hub.docker.com/_/httpd

なお、上の「使用するイメージ」の表では、参考までに、Docker HubのURLを掲
載しています。このURLにはイメージの詳細が記載されているので、イメージにつ
いてより詳しく知りたくなった際に、参照してみましょう。

コンテナを作成する

docker コマンドを使って、Apache のコンテナを作ります。これ以降、コマンドを実行する際は、Windows なら PowerShell、Mac ならターミナルを使用してください。

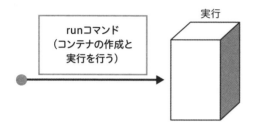

ここで実行するコマンドは以下の通りです。

```
docker container run --name apache01 -p 8080:80 -d httpd
```

「docker container run」コマンドは、イメージがダウンロードされていない場合、イメージをプルしてから、コンテナを作成・実行します。

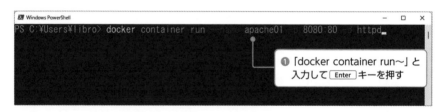

❶「docker container run〜」と入力して Enter キーを押す

❷ コンテナ作成時のログが表示される

コマンドの実行時にエラーが発生した場合は、入力したコマンドにタイプミスがないかをよく確認しましょう。

コンテナが作成されたかを確認する

コマンドを実行したら、コンテナが作成できたかを確認しましょう。Apacheは
Webサーバーなので、Webブラウザからアクセスすることで確認可能です。

「It works!」と書かれたデフォルトページが表示されたら、確認完了です。また作
成されたコンテナは、Docker Desktopからも確認できます。コンテナが「実行中」
の状態だと、アイコンは緑色で表示されます。

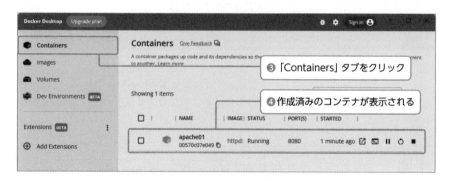

これでコンテナの作成は完了です。思ったより簡単だったのではないでしょうか。

コンテナを停止する

次は、作成したコンテナを停止してみましょう。停止するには、「docker
container stop」コマンドを使います。「stop」以降には、コンテナ名を指定します。

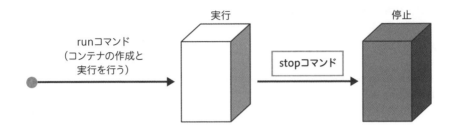

ここで実行するコマンドは次の通りです。

```
docker container stop apache01
```

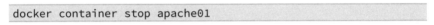

❶「docker container stop apache01」と入力して Enter キーを押す

コマンドを実行したら、コンテナが停止できたかを確認しましょう。コンテナが停止できていれば、Webブラウザに「このサイトにアクセスできません」と表示されます。

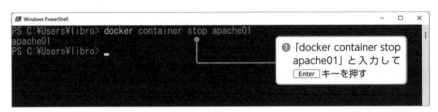

❷ Webブラウザで「http://localhost:8080/」へアクセス

❸ エラーメッセージが表示される

コンテナが停止したかどうかは、Docker Desktopからも確認できます。コンテナが「停止」の状態だと、アイコンは灰色となり、「Exited」と表示されます。

❸コンテナが停止した

コンテナを削除する

　作成したコンテナは、一度削除してしまいましょう。削除するには、「docker container rm」コマンドを使います。「rm」以降には、コンテナ名を指定します。

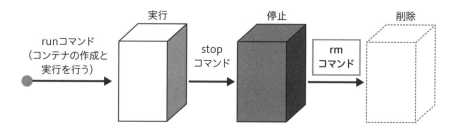

　ここで実行するコマンドは以下の通りです。

```
docker container rm apache01
```

❶「docker container rm apache01」と入力して Enter キーを押す

　コンテナが削除できたかどうかは、Docker Desktopからも確認できます。

これで、コンテナを作成して停止、削除、という一連の流れを体験できました。

もっと簡単にコンテナを作成するには

　先ほどは、「docker container run」コマンドを使って、コンテナを1つ作成しました。しかし、動作検証用のサーバーが欲しいときや、Webサイトの開発を行うときなど、実際のユースケースでは、複数のコンテナを作成することがよくあります。その場合、「docker container run」コマンドだと、作成したいコンテナの個数分、コマンドを実行することになります。また「docker container run」コマンドでは、コンテナ名やイメージの名前などコンテナの作成に必要な情報をオプションとして指定するので、記述が長くなりがちです。

　たとえば、「docker container run」コマンドでMariaDB（データベースソフトウェアの一種）のコンテナを作成する場合、以下のようになります。

```
docker container run --name mariadb01 -dit -v db-data:/var/
lib/mysql -e MARIADB_ROOT_PASSWORD=rootpass -e MARIADB_
DATABASE=testdb -e MARIADB_USER=testuser -e MARIADB_
PASSWORD=testpass mariadb:10.7
```

　記述が長いと毎回打つのが面倒ですし、エラーが起きた際、どこにタイプミスがあるのかを確認するのも手間がかかります。そのため、コンテナを日常的に使う場合は、コマンドやオプションをファイルにまとめることで、コンテナを作成する方法がよく使われます。それが次のセクションで説明するDocker Compose（ドッカーコンポーズ）というソフトウェアです。

コンテナ作成をより
ラクに

#コンテナ作成／#Docker Compose

複数コンテナをラクに作れる Docker Compose

ここからはDocker Composeについて解説していきます。Docker Compose
を使うと、コンテナ作成がより簡単にできます。

Docker Composeとは

Docker Composeとは、一度に複数のコンテナを作成・実行できるソフトウェア
です。以前は個別のインストールが必要でしたが、今はDocker Desktopにデフォル
トで同梱されているので、すぐに使い始めることができます。Docker Composeの
場合は、「docker」コマンドではなく、**「docker compose」コマンド**を使います。

　ちなみに、Dockerのキャラクターはクジラですが、Docker Composeのキャラク
ターはタコです。タコが持つ複数の足と、複数のコンテナを扱う様子を重ねているの
かもしれません。

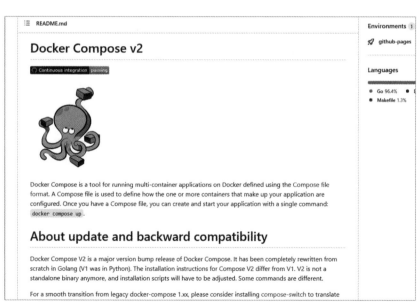

Docker ComposeのGitHubページ (https://github.com/docker/compose)

Dockerを使った仮想サーバー構築に挑戦！

4

Docker Composeでは設定ファイル（YAML）が必要

Docker Composeでコンテナを作成するには、どういうコンテナを作成するかを定義する、**YAML（ヤムル）形式**のファイルが必要です。YAMLとは、構造化データを記述できる記法のことです。テキスト形式のデータなので、手持ちのテキストエディターを使って、簡単に作成・編集ができます。

YAMLでは、キーと値を: (コロン) でつないで記述します。キーは項目名のことで、対応する値がどういう意味かを表すものです。**データの入れ子関係を表すには、インデント（字下げ）を使います。**

```
キー1: 値1

キー2:
  キー2-1: 値2-1
  キー2-2: 値2-2
```

Docker Composeでは、YAMLファイルにオプションをまとめて記述するので、コマンド実行の際に何度も長いオプションを書く必要がなくなります。また、複数コンテナの作成だけではなく、ネットワークなどコンテナの動作に必要な機能も、一度に作成できます。「Dockerを使う必要があるけど、細かいことを勉強する時間がない」「dockerコマンドのオプションを覚えるのが面倒」といったニーズに、うってつけのソフトウェアです。

たとえば、P.80で紹介したApacheコンテナを作る場合、YAMLファイルなら以下のようになります。なお、Docker Composeにおける、YAMLファイルのデフォルトの名前は、**compose.yaml**です。またDockerでは、YAMLファイルの拡張子は「.yml」「.yaml」のどちらも使用可能ですが、本書では統一して「.yaml」を使います。

● Apache コンテナを作る compose.yaml の例

```
01  services:
02    web:
03      image: httpd
04      container_name: apache01
05      ports:
06        - "8080:80"
```

　このDocker Composeファイル（compose.yaml）は、Apacheのイメージであ
る「httpd」を使用して、コンテナを作成するよう記述されています。このように、
Docker Composeでは、コンテナ作成の設定をファイルにまとめます。

Docker Composeに必要なのはたったの3ステップ！

　Docker Composeを使う際の具体的な手順は次のセクションで紹介するので、こ
こでは、大まかな流れをつかんでおきましょう。大きく3つのステップがあります。

ステップ① 作成したいコンテナの情報を整理する

　作成したいコンテナに必要なソフトウェアを整理します。そもそもどのソフトウェ
アがインストールされている環境が欲しいのか、どのバージョンを使うのか、といっ
た点を整理しておかないと、Docker Composeファイルに落とし込むことは困難で
す。本書ではコピー＆ペーストで使えるDocker Composeファイルを多数紹介して
いますが、もし自力で作成するなら、いきなりDocker Composeファイルを作成せ
ずに、「そもそもどんなコンテナが欲しいのか」を整理するようにしましょう。

ステップ② Docker Composeファイルを作成する

　ステップ①で整理した情報をもとに、Docker Composeファイルを作成します。
必要に応じて、Dockerfileと呼ばれるファイルも準備します。Dockerfileについては、
P.132で詳しく紹介します。

ステップ③ コマンドを使ってコンテナを作成・実行する

　ステップ②で作成したファイルをフォルダーに配置します。そのパス上で「docker
compose up -d」コマンドを実行して、コンテナを作成します。

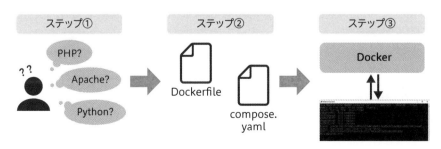

Column   docker コマンドには古い書き方が存在する

Web で docker コマンドについて調べると、「docker container run」ではなく「docker run」、イメージを取得するのに「docker image pull」ではなく「docker pull」を使用している記事が多くあります。docker コマンドは 2017 年に再構築がされており、「container」や「image」を付けない書き方は、それ以前に使われていたものです。コマンドの再構築には、Docker コマンドの種類が増えたため、整理してわかりやすくしよう、という背景があります。

本書執筆時点では両方とも利用可能ですが、これから Docker を学ぶ皆さんは、「container」や「image」を付けた書き方で、覚えておいたほうがよいでしょう。

Column   Docker Compose には V1 と V2 というバージョンがある

Docker Compose には、V1 と V2 というバージョンがあり、現在は、V2 の使用が推奨されています。V1 と V2 には差異がいくつかあり、まずは、コマンドが異なります。V1 では、「docker-compose」コマンドが使われていました。しかし V2 では、「-」を半角スペースに置き換えた「docker compose」コマンドになりました。そのため、「docker compose」の書き方で覚えたほうがよいでしょう。

そして V1 では、YAML ファイルの名前は「docker-compose.yaml」「docker-compose.yml」が使われていました。このファイル名は V2 でも利用できますが、ファイル名は「compose.yaml」が推奨となっています。また、フォルダー内に「compose.yaml」と「docker-compose.yaml」の 2 つのファイルがあった場合は、compose.yaml が優先的にコンテナ作成に使われます。

Docker Desktop をインストールして「docker compose」コマンドを使えば、自動的に V2 の利用になるので、あまり違いを意識する必要はありません。ただし、Web サイトや書籍では、「docker-compose」コマンドや「docker-compose.yaml」を使った解説も多くあるので、調べる際は注意しましょう。

#コンテナ作成／#Webサーバー

Docker Composeで実際にコンテナを作ってみよう

基本的な流れを
理解しよう

Docker Composeを使ったコンテナ作成に挑戦してみましょう。ここでは、P.79と同じ、Apacheのコンテナを作成します。

ステップ① Apacheコンテナの情報を整理する

　このセクションでは実際に、Docker ComposeでApacheコンテナを作成します。まずは、どんなコンテナを作るのか、情報を整理しましょう。このセクションで作るApacheコンテナは、以下の通りです。P.79で作成したコンテナと、ほぼ変わりません。

このセクションで作る Apache コンテナ

コンテナ作成に必要な項目	設定値
使用するイメージ	httpd。バージョンは2.4
ポート番号	8080:80

ステップ② Docker Composeファイルを作成する

　Docker Composeでコンテナを作るには、compose.yamlが必要です。**デフォルトでは、カレントフォルダーあるcompose.yamlが読みこまれる**ので、フォルダー構成は以下のようにします。

　「chap4」フォルダーの「apache」フォルダーに、「compose.yaml」というファイル名で、空のテキストファイルを作成してください。

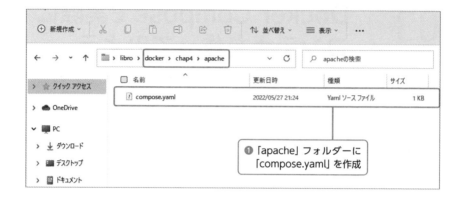

❶「apache」フォルダーに
「compose.yaml」を作成

　なお、デフォルトでは、フォルダー名が、Docker Composeの**プロジェクト名**に使われます。Docker Composeでは、このプロジェクト名によって、個々の環境が分離されます。そのため、プロジェクト名に使われるカレントフォルダー名には、何のコンテナ・環境なのかがわかりやすい名前を付けておきましょう。ここでは「apache」というフォルダー名にしています。

　ここで使うcompose.yamlファイルは、次の通りです。

● **compose.yaml**

```
01  services:
02    web:
03      image: httpd:2.4
04      ports:
05        - "8080:80"
```

　テキストエディターを使用して、上記の通りに、compose.yamlを編集してください。ファイルの編集は、Windowsの「メモ帳」など、好きなテキストエディターを使用して問題ありません。近ごろ人気が高いテキストエディターである、Visual Studio Codeについては、P.216で紹介しています。もし、Visual Studio Codeを使いたい場合は合わせて参照してください。

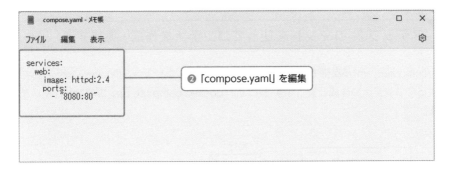

なお、YAML形式は、インデントを使って階層構造を表します。**半角スペースの過不足があるだけでエラーになる**ので、気を付けて入力しましょう。タブではなく、あくまで半角スペースを使います。半角スペースを2つにするなら、ファイル全体で「インデントには半角スペース2つを使う」というルールで統一する必要があります。インデントを、半角スペースが1つ、2つ、と混在させることはできないので注意しましょう。

　下記の「image: 」のように、**キーのあとの: (コロン) に続けて値を記述する場合は、:のあとに半角スペースが1つ以上必要です。** ただし、「ports:」のように、値を次の行に書く場合は、半角スペースがなくてもエラーにはなりません。

```
services:
␣␣web:
␣␣␣␣image:␣httpd:2.4
␣␣␣␣ports:
␣␣␣␣␣␣-␣"8080:80"
```

:や-の後にも半角スペースが必要

インデントで階層構造を表す

　なお、「httpd:2.4」のようにイメージのバージョンを指定する場合のコロンのあとは、逆に、半角スペースを入れるとエラーになってしまうので、注意してください。ややこしいですが、スペースの過不足でエラーが起きることはよくあるので、**「YAMLはインデントに要注意」**と覚えておきましょう。

4

Dockerを使った仮想サーバー構築に挑戦！

compose.yamlが準備できたら、コンテナを作成しましょう。Docker Composeを使ってコンテナの作成と実行をするには、**「docker compose up」コマンド**を使います。

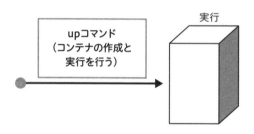

書式：コンテナの作成と実行

```
docker compose up -d
```

「docker compose up」コマンドは、ローカルに対象のイメージが存在しない場合はイメージをプルしてから、コンテナを作成・実行します。

「-d」は、コンテナをバックグラウンドで実行させるオプションです。「-d」オプションを付与しないとフォアグラウンドで実行されるので、コンテナのログが画面上に出力され、PowerShellやターミナル上で、続けてコマンドを打つことができなくなります。そのため、続けて操作を行いたい際は、「-d」オプションを付与しておくのがおすすめです。

また、**Docker Composeのコマンドは、compose.yamlを配置した階層で実行します。**

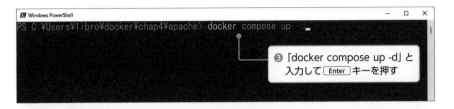

❸「docker compose up -d」と
入力して Enter キーを押す

❹ログが表示される

コマンドの実行時に「yaml: line【行数】: did not find expected key」「yaml: line【行数】: mapping values are not allowed in this context」といったエラーが発生した場合は、compose.yaml内のインデントがおかしい可能性があります。その際は、エラーメッセージに表示されている行数の前後で、半角スペースに過不足がないかを見直してください。

コンテナが作成されると、「Container【コンテナ名】Started」というログが表示されるので、確認しましょう。

コンテナが作成されたかを確認する

コンテナが作成・実行されたかを確認してみましょう。実行中のコンテナを確認するには、**「docker container ls」コマンド**を使います。

📌 **書式：実行中のコンテナを一覧表示**

```
docker container ls
```

なお、「-a」オプションを付与すると、停止しているコンテナも含めて表示されます。よく使うので、覚えておくとよいでしょう。

📌 **書式：すべてのコンテナを一覧表示**

```
docker container ls -a
```

4

Dockerを使った仮想サーバー構築に挑戦！

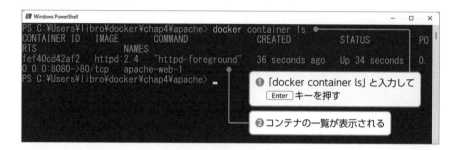

❶「docker container ls」と入力して Enter キーを押す

❷コンテナの一覧が表示される

　表示された情報を確認してみましょう。上の画面のように「STATUS」に「Up」と表示されていれば、コンテナが実行されています。

コンテナ一覧で表示される項目

項目	意味
CONTAINER ID	コンテナのID。環境によって値は異なる
IMAGE	コンテナのベースイメージ
COMMAND	実行されたコマンド
CREATED	コンテナを作成した日時
STATUS	コンテナの状態。「Up」は実行中、「Exited」は停止を表す
PORTS	紐づいているポート番号
NAMES	コンテナの名前

　コンテナの一覧ではなく、Docker Composeのプロジェクトを一覧表示したい場合は、「docker compose ls」コマンドを使います。

書式：プロジェクトを一覧表示

```
docker compose ls
```

❶「docker compose ls」と入力して Enter キーを押す

❷プロジェクトの一覧が表示される

作成されたコンテナは、Docker Desktopからも確認できます。

アイコンが緑色で表示されている場合はコンテナが「実行中」、灰色で表示されている場合は「停止」の状態です。また、Docker DesktopにはDocker Composeのプロジェクト名が表示されます。

P.81と同様に、Webブラウザからも確認しておきましょう。Apacheの初期ページが表示されたら、確認完了です。

コンテナを停止する

今度は、作成したApacheコンテナを停止してみましょう。コンテナを停止するには、**「docker compose stop」コマンド**を使います。

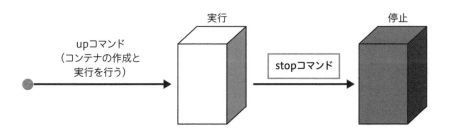

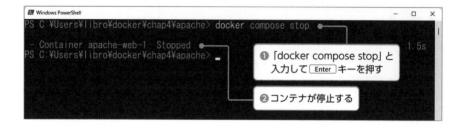

書式：コンテナを停止

```
docker compose stop
```

コンテナが停止したかどうかは、Docker Desktopからも確認できます。

作成済みのコンテナを起動する

停止したコンテナを再び起動してみましょう。作成済みのコンテナを起動するには、**「docker compose start」コマンド**を使います。

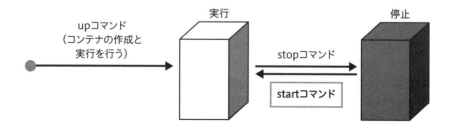

書式：コンテナの起動

```
docker compose start
```

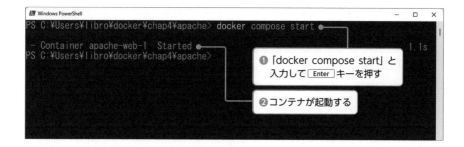

コンテナが起動したか、Docker Desktopからも確認しておきましょう。

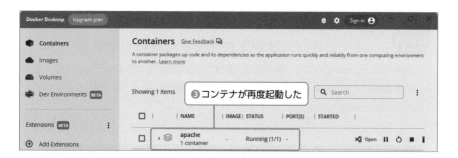

「docker compose start」コマンドは、**作成済みのコンテナを起動するだけで、コ ンテナの作成は行いません。** また、複数のコンテナがある場合は、まとめて起動し ます。イメージのビルドやコンテナの作成をあわせて実施したい場合は、「docker compose up -d」コマンドを使います。なお、コンテナが作成されていない状態でこ のコマンドを実行した場合、「コンテナが見つかりません」といった内容のエラーメッ セージが表示されます。

　コンテナの作成～停止までの流れは以上です。コンテナがどんなものか、なんとな くわかってきたのではないでしょうか。ここではApacheコンテナを作りましたが、 このように、**インストールをせずともソフトウェアを簡単に試せることは、コンテナ のメリットの1つです。**

　なお、今回のApacheコンテナのようなシンプルな構成なら、Docker Compose でなくても簡単に作れます。しかし本書では、Docker Composeを使ってコンテナ を作るのを基本としていきます。

4

Dockerを使った仮想サーバー構築に挑戦！

コンテナを起動しているとパソコンは重くなる？

コンテナは軽量ですが、複数個コンテナを動かしたままにしておくと、パソコンが少し重くなることはあります。そのためコンテナは不要になり次第、停止・削除を行うことをおすすめします。

また、restart（P.102 参照）を設定してコンテナを複数作成した場合も、注意が必要です。restart を「always」にして再起動するように設定したコンテナは、Docker Desktop 起動時に自動で実行されるので、そのコンテナが多いほど、「処理が重いな」と感じることがあります。そのため、自動で起動する必要がない学習用のコンテナであれば、restart を使う必要はないでしょう。

なお、コンテナを起動していなければ、Docker Desktop を起動したままにしておいても重くなることはあまりないので、安心して使いましょう。

「-d」オプションを付与せずに実行した場合

「docker compose up」コマンドの「-d」オプションを紹介しましたが、「-d」オプションの意味がよくわからない人は多いようです。その場合は、「-d」オプションを使わずに「docker compose up」コマンドを実行してみましょう。

このように、「-d」オプションを付与しない場合、次のコマンド入力ができません。続いてほかのコマンド操作を行えないのは不便ですので、何か特別な目的がなければ「-d」オプションを付与しておくとよいでしょう。

なお、「-d」オプションを付与して実行した状態を、「デタッチ」モードと呼びます。

#ファイルの書き方／#compose.yaml

Docker Composeファイルの書き方を理解しよう

書き方には
ルールがある

Docker Composeファイル (compose.yaml) には、コンテナ作成に関するさまざまな指定が行えます。ここで、書き方について学んでおきましょう。

4

Dockerを使った仮想サーバー構築に挑戦！

Docker Composeファイルの記法をざっと理解しておこう

　Apacheコンテナの際は、よくわからずDocker Composeファイルを書いていたと思います。本書に掲載されているDocker Composeファイルをコピー＆ペーストすればコンテナは作成できます。しかしそれだけだと、コンテナの構成や設定をカスタマイズできないので、困るケースもあるでしょう。このセクションでは、Docker Composeファイルの書き方について解説します。すべて理解しておく必要はありませんので、ひとまずはざっと目を通しておき、必要になったら読み直すようにしてください。

YAMLの基本的な書き方

　Docker Composeファイルは、YAML記法を使って記述します。まずは、YAMLの基本的な書き方を紹介します。

・データの階層構造を、インデントを使って表す。半角スペース2つを使うことが多い。タブは使えない
・設定する値は「キー：値」で書く
・キーのあとの「:」に続けて値を書く場合、半角スペースが1つ以上、または改行が必要
・文字列として書く場合は「'」または「"」で囲む
・複数の値の記述したいときは先頭に「-」を付ける。「-」のあとは半角スペースが1つ以上、または改行が必要
・「#」を付けると、行末までがコメントとみなされる

Apacheコンテナを作成したDocker Composeファイル

P.90で紹介したcompose.yamlを、あらためて見てみましょう。

● compose.yaml（再掲）

```
01  services: ─────────────────①
02    web: ──────────────②
03      image: httpd:2.4 ──────③
04      ports:
05        - "8080:80" ──────④
```

①「services」

「services」は、コンテナの定義を書くところです。「services」と書かれているので若干紛らわしいですが、Docker Composeファイルにおいては、サービスは、コンテナのことだと考えて問題ありません。複数のコンテナを作りたいときは、「services」配下に、コンテナの定義を複数書くことになります。

②コンテナ名

コンテナの名前を記述します。ここではApacheコンテナ1つだけなので、「web」という名前を付けたコンテナを1つだけ記述しています。

③イメージ

「image」には、使用するイメージの名前を書きます。ここでは、Apacheのイメージである、「httpd」のバージョン2.4を指定しています。

④ポート番号

「ports」には、Dockerホストとコンテナのポート番号の紐づけを書きます。「ports」で「ホストのポート番号：コンテナのポート番号」を指定する際は文字列で記載する必要があるので、「"8080:80"」と記述しています。ポート番号の設定は、P.146でも詳しく解説します。

Column

「version: "3"」という記載は不要？

Webや書籍では、Docker Composeファイルの先頭に「version: "3"」といった記述が書かれていることが多くあります。これは、Docker Composeのバージョンを表す項目です。記載することは可能ですが、現在、Docker公式ドキュメント上で非推奨になりました。そのため本書では、「記載しない」で統一します。

4

Dockerを使った仮想サーバー構築に挑戦！

Docker Composeファイルの主な項目

　Docker Composeファイルには「services」以外にも、コンテナで使うネットワークを設定する「networks」や、データの保存に関して設定する「volumes」などの大項目があります。「networks」や「volumes」は「services」内の設定（オプション）ではなく大項目なので、「services」と同レベルの階層で記述します。たとえば、「netweb01」という名前のネットワークと、「volweb01」という名前のボリューム（データの保存場所）を合わせて作成する場合、次のように記述します。

● compose.yaml

```
01  services: ──── コンテナ
02    web:
03      image: httpd:2.4
04      ports:
05        - "8080:80"
06  networks: ──── ネットワーク
07    netweb01:
08  volumes: ──── ボリューム
09    volweb01:
```

「services」の主な項目

　Docker Composeファイルでは、「services」「networks」や「volumes」といった分類ごとに書ける設定項目は異なります。特に、「services」に項目を指定することが多くなるので、「services」の主な項目について紹介します。数が多いので、「こんなにあるんだな」ぐらいの理解で問題ありません。必要に応じて参照しましょう。

「services」の主な項目

項目	概要
build	イメージのビルドに関する設定
command	コンテナの起動時に、実行するデフォルトのコマンドを上書きする
container_name	コンテナの名前。指定しない場合は、P.100の②で設定した名前に、プロジェクト名などが自動で付与されたものが、コンテナの名前になる
depends_on	コンテナ間の依存関係
entrypoint	コンテナの起動時のENTRYPOINTを上書きする
env_file	環境変数を別ファイルから設定
environment	環境変数の設定
image	イメージ名
labels	コンテナに追加するラベル
networks	コンテナに接続するネットワーク
ports	ポートフォワーディングの設定
restart	コンテナの再起動の設定。いくつか種類があるがデフォルトは「no」で、コンテナの再起動は行わない。「always」にすると常にコンテナが再起動する。ただし「docker compose stop」コマンドでコンテナを停止した場合は除外
volumes	コンテナに接続するボリューム
tty	疑似端末の配置
working_dir	デフォルトの作業ディレクトリ

#ファイルのコピー／#cpコマンド

コンテナ内へファイルを
コピーするには

コンテナとファイルを
やりとり

コンテナとDockerホスト間でファイルをコピーすることができます。コピーにはcpコマンドを使います。

4

Dockerを使った仮想サーバー構築に挑戦！

ファイルをコピーできるcpコマンド

　修正したプログラムを反映したり設定ファイルを差し替えたりなど、コンテナ内へファイルをコピーしたい場合はよくあります。その際は、**「docker compose cp」コマンド**を使います。コピーは、コンテナが実行中、または停止中であっても可能です。

📌 書式：コンテナへファイルをコピー

```
docker compose cp ホストのファイルパス コンテナ名：コンテナ内のファイルパス
```

　Docker Composeでは、1つのプロジェクトで複数のコンテナが管理されているので、どのコンテナのファイルをコピーするかは、コンテナ名で指定します。

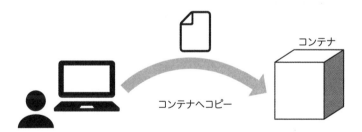

コンテナ

コンテナへコピー

　「docker compose cp」コマンドでは、コンテナ内のファイルをDockerホストにコピーすることもできます。その場合は、次のようにパスを指定します。

Apacheコンテナとファイルをやりとりする

P.92で作成したApacheコンテナの中にあるファイル「/usr/local/apache2/htdocs/index.html」をDockerホストにコピーしてみましょう。以下のコマンドを実行してください。

```
docker compose cp web:/usr/local/apache2/htdocs/index.html .
```

Dockerホストのファイルパスには、カレントフォルダーを表す「.」を指定しています。なお、絶対パスで指定することも可能です。
またこのコマンドは、以下の階層で実行します。

File　📁 chap4 ——— 📁 apache ——— 📄 compose.yaml

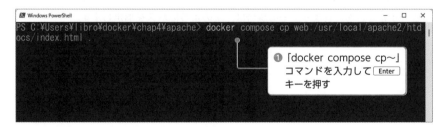

❶「docker compose cp～」
　コマンドを入力して Enter
　キーを押す

104

❷ コンテナ内のindex.htmlが
Dockerホストにコピーされる

4

Dockerを使った仮想サーバー構築に挑戦！

　Dockerホストにコピーされたファイルには「It works!」という文言が記述されているはずです。そのファイルを、以下のように編集してください。

● index.html

```
01  <html><body><h1>Hello Docker!</h1></body></html>
```

　編集したファイルを、今度はコンテナ内へコピーしてみましょう。実行するコマンドは以下の通りです。ホストからコンテナへコピーするので、ホストのパスを先に記述し、その後にコンテナの名前とパスを記述します。

```
docker compose cp index.html web:/usr/local/apache2/htdocs/
index.html
```

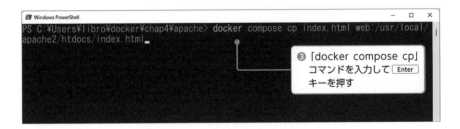

❸「docker compose cp」
コマンドを入力して Enter
キーを押す

　Dockerホストのファイルがコピーされたかを、Webブラウザで確認してみましょう。コピーされていれば、変更後の文言である、「Hello Docker!」と表示されます。

Hello Docker!

❹Webブラウザで「http://localhost:8080/」へ
アクセス

　もし「Error: No such container:path:」といったエラーが表示された場合は、入力したコマンドにタイプミスがないかをよく確認しましょう。

「docker container」にもコピーコマンドはある

このセクションでは「docker compose cp」コマンドを使いましたが、コンテナのファイルをコピーするには「docker container cp」コマンドもあります。コマンドを見るとわかる通り、前者は Docker Compose で使うコマンド、後者は「docker container ～」コマンドで作成したコンテナで使うコマンドです。

ちなみに、Docker Compose で作成したコンテナにおいても「docker container cp」コマンドは利用可能ですが、コンテナ名を調べて指定するのに少々コツが必要です。そのため、「docker container にも cp コマンドがある」ぐらいに覚えておけばよいでしょう。

#コンテナの後始末／#downコマンド

コンテナを使い終わったら

後始末も
きちんとしよう

コンテナは「作っては削除」が基本です。ここではコンテナの後始末をするコマンドについて紹介します。

コンテナの後始末ができるdownコマンド

　コンテナは、「作っては削除」が簡単に行えるのが魅力です。コンテナは簡単に作れるがゆえに、検証のたびに新しいコンテナを作ってしまうなど、ついついたくさんの数を作ってしまいがちです。コンテナやイメージが増えるとストレージの容量は圧迫されていくので、不要になったら都度、削除するとよいでしょう。Docker Composeを使用して作成したコンテナを削除するには、**「docker compose down」コマンド**を使います。

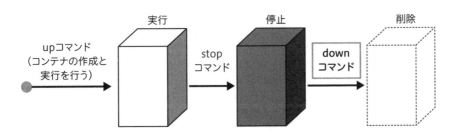

　このコマンドは、コンテナが実行中であっても使用可能です。また、コンテナだけではなく、紐づくネットワークも自動で削除します。

書式：コンテナの削除

```
docker compose down
```

　なお、コンテナを削除するコマンドには**「docker compose rm」**もあります。ただし、「docker compose rm」コマンドは、あくまでコンテナを削除するコマンドであり、紐づくネットワークの削除はしません。また、基本的に実行中のコンテナに対しては使用できないので、コンテナの停止と削除を同時に行うには、「-s」オプションを使う必要があります。そのため1つずつ確認しながら削除するには、「docker compose rm」コマンドが適していますが、コンテナとネットワークを一度に削除し

たい場合は、「docker compose down」コマンドが適しています。本書では、「docker compose down」コマンドを使っていきます。

「docker compose down」コマンドに用意されている主なオプションは以下の通りです。オプションを使うと、イメージやボリュームも合わせて削除されます。

「docker compose down」コマンドのオプション

オプション	意味
--rmi	イメージを削除。「all」を指定した場合は、サービスで使うすべてのイメージを削除。「local」を指定した場合は、カスタムタグがないイメージだけを削除
-v	Docker Composeファイルの「volumes」に記載したボリュームと、コンテナにアタッチされた匿名ボリュームを削除
--remove-orphans	Docker Comoposeファイルで定義されていないコンテナも削除

Point コンテナを削除するとデータも削除される

コンテナを削除すると、コンテナ内にあるデータも合わせて削除されます。そのため削除する際は、残しておきたいデータがないかを考えてからにしましょう。たとえば、前のセクションで「docker compose cp」コマンドを使ってコンテナ内へコピーしたファイルも、合わせて削除されます。

残しておきたいファイルが数ファイルで済む場合は、「docker compose cp」コマンドで、事前にDockerホストにコピーしておくのが1つの手です。ただし基本的に、コンテナを削除してもデータを残すには「データの永続化」が必要です。Dockerでデータの永続化をする方法は、P.126で詳しく解説します。

コンテナを削除する

P.92で作成したApacheコンテナを、削除してみましょう。このコマンドは、次の階層で実行します。「docker compose down」コマンドも、「docker compose up」コマンドなどと同様に、compose.yamlを配置した階層で実行します。

削除されたことを、「docker container ls」コマンドで確認します。

　プロジェクトが削除されたことを、「docker compose ls」コマンドで確認してみましょう。

イメージも合わせて削除する

　次は、コンテナを作成するためのテンプレートである「イメージ」も削除してみましょう。「docker compose down」コマンドの「rmi」オプションを使います。

4

Dockerを使った仮想サーバー構築に挑戦！

109

❶「docker compose down --rmi all」と入力して Enter キーを押す

　もし実行した際に、「Error response from daemon: conflict: unable to remove repository reference【コンテナ名】is using its referenced image ～」というエラーメッセージが表示されたら、そのイメージを使用しているコンテナがほかにもあるということなので、対象のコンテナを削除してから、再実行してみましょう。

　イメージが削除されたことを、コマンドで確認します。イメージの一覧を表示するには、**「docker image ls」コマンド**を使います。

📌 **書式：イメージの一覧表示**

```
docker image ls
```

❷「docker image ls」と入力して Enter キーを押す

❸ イメージ「httpd:2.4」が削除されたことを確認できる

　イメージが削除されたかどうかは、Docker Desktopからも確認できます。

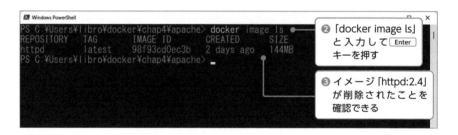

❹「Images」タブをクリック

❺ イメージ「httpd:2.4」が削除されたことを確認できる

データベースの
学習に便利

#コンテナ作成／#データベース

MariaDBコンテナを
構築する

Dockerに慣れるには、コンテナを何度も動かしてみることが一番です。次は、MariaDBのコンテナ作成に挑戦してみましょう。

4

Dockerを使った仮想サーバー構築に挑戦！

MariaDBとは

　MariaDBは、オープンソースのデータベースです。MySQLというデータベースから派生して作られたものなので、MySQLと互換性が高いことが特徴です。MariaDBのコンテナがあると、データベースやSQLを学びたい場合に便利でしょう。MySQLのコンテナを作ってもよいのですが、執筆時点では、MySQLのイメージはAppleシリコンMac用のものが配布されていなかったため、本書では統一してMariaDBを使います。

・MariaDB
　https://mariadb.org/

使用するイメージ

イメージ名	Docker HubのURL
mariadb	https://hub.docker.com/_/mariadb

　上の表では参考までに、Docker HubのURLを掲載しています。このURLには、イメージの詳細が記載されているので、イメージについてより詳しく知りたくなった際に、参照してみましょう。

コンテナのパラメータの受け渡しに使える「環境変数」

データベースを使ったことがある方ならピンとくると思いますが、データベースにはユーザー名やパスワードの設定が必要です。それは、データベースのコンテナを作る場合でも同様です。

コンテナ技術では、ユーザー名やパスワードのようなパラメータをコンテナに設定したり、コンテナ間で値を受け渡したりするのに、**環境変数**がよく使われます。WindowsやMacなど、OSが持つ環境変数は知っている方が多いと思いますが、それと同じように、コンテナでも環境変数を設定できます。

MariaDBのイメージで用意されている主な環境変数は、以下の通りです。

MariaDB イメージの主な環境変数

環境変数	意味
MARIADB_ROOT_PASSWORD	ルートユーザーのパスワード
MARIADB_DATABASE	データベース名
MARIADB_USER	データベースのユーザー名
MARIADB_PASSWORD	データベースのパスワード

コンテナに環境変数を設定するには、Docker Compose ファイルの「services」で、**「environment」**という項目を記述します。

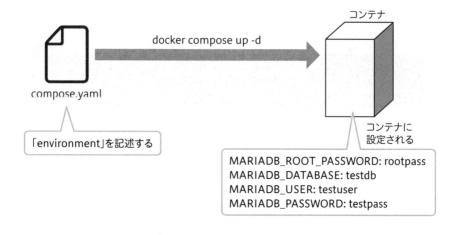

使用する設定ファイル

フォルダー構成と使用する設定ファイルは、次の通りです。

> File　📁 chap4 ──── 📁 mariadb ──── 📄 compose.yaml

● **compose.yaml**

```
01  services:
02    db:
03      image: mariadb:10.7 ──── MariaDB イメージ
04      environment: ──────── 環境変数
05        MARIADB_ROOT_PASSWORD: rootpass
06        MARIADB_DATABASE: testdb
07        MARIADB_USER: testuser
08        MARIADB_PASSWORD: testpass
09      volumes:
10        - db-data:/var/lib/mysql
11  volumes:
12    db-data:
```

「volumes」と書かれているのは、データベースが持つデータを永続化する設定です。詳細は、P.127で紹介します。

コンテナを作成するために「docker compose up」コマンドを実行します。Docker Composeのコマンドは、compose.yamlを配置した階層で実行する必要があるので、PowerShellやターミナル上で対象のパスに移動しておくことを忘れないようにしてください。

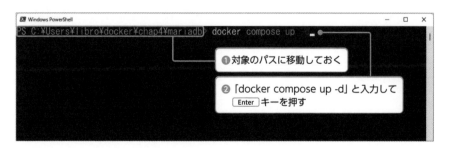

❶ 対象のパスに移動しておく

❷ 「docker compose up -d」と入力して [Enter] キーを押す

　コンテナが作成されると、「Container【コンテナ名】Started」というログが表示されるので、確認しましょう。

　なお、作成した MariaDB コンテナは次のセクションでも使うので、ここではまだ、削除しないようにしてください。

Column

用意されている環境変数を調べるには

ここでは MariaDB の主な環境変数を紹介しましたが、どんな環境変数が用意されているのかを調べるには、そのイメージのドキュメントを参照する必要があります。MariaDB を例にすると、Docker Hub のページ（MariaDB のページは、P.111 にも掲載している「https://hub.docker.com/_/mariadb」）に、用意されている環境変数とその使い方について紹介されています。

このようにイメージを使う際は、ドキュメントを参照して、イメージがどう作られているかを確認する必要があります。

#コマンドの実行／#execコマンド

コンテナ内で
コマンドを実行するには

コンテナの中に
入って操作

ここまで、コンテナに対して外から操作を行ってきましたが、今度は、コンテナの中に入って、操作を行う方法を学びましょう。

4

Dockerを使った仮想サーバー構築に挑戦！

コンテナ内でコマンド実行するには「exec」を使う

　コンテナ内のディレクトリを確認したり、コンテナにソフトウェアをインストールしたりなど、作成済みのコンテナに対して操作やカスタマイズを行いたいことはよくあります。その場合は、**コンテナ内でコマンドを実行**しましょう。

　起動中のコンテナ内で任意のコマンドを実行するには、**「docker compose exec」**コマンドを使います。

📌 書式：コンテナ内でコマンド実行

```
docker compose exec コンテナ名 コンテナで実行したいコマンド
```

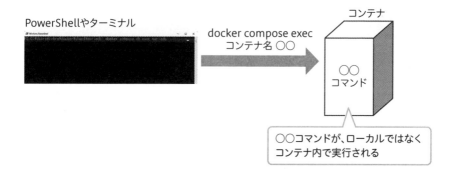

PowerShellやターミナル

docker compose exec
コンテナ名 ○○

コンテナ

○○
コマンド

○○コマンドが、ローカルではなく
コンテナ内で実行される

コンテナ内でコマンドを実行する方法①

　さっそく試してみましょう。ここでは、前のセクションで作成したコンテナの中で、MariaDBのバージョンを確認するコマンド「mariadb --version」を実行することで、コンテナにインストールされたMariaDBのバージョンを確認します。実行するコマ

ンドは、以下の通りです。

```
docker compose exec db mariadb --version
```

Docker Composeでは、1つのプロジェクトで複数のコンテナが管理されているので、どのコンテナの中に入りたいのかは、「docker compose exec」のあとにコンテナ名を書くことで指定します。コマンド入力時に、つい忘れてしまうポイントなので、注意しましょう。

コンテナ内でコマンドを実行することで、Dockerホストではなく、コンテナ内にあるMariaDBのバージョンを確認できました。

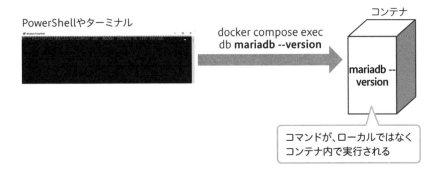

コンテナ内でコマンドを実行する方法②

　コンテナ内で複数の操作を行いたい場合、毎回「docker compose exec」コマンド
を入力するのは面倒です。また、「docker compose exec」コマンドを用いた方法だ
と、初期設定が必要なコマンドは実行できない場合もあります。そんなときは、コン
テナ内でシェルを立ち上げましょう。**シェル**は、受け取ったコマンド（命令文）をカー
ネルに伝えるプログラムのことです。WindowsにおけるPowerShellのように、コマ
ンドを実行できるインターフェースだと考えると、理解しやすいでしょう。コンテナ
内でシェルを立ち上げ、そのシェルを介してコマンドを実行することで、ソフトウェ
アのインストールなどのさまざまな操作を行えます。これはよく、「**コンテナの中に
入る**」とも表現される操作で、初心者がつまずきやすい点でもあります。

　シェルにはいくつか種類がありますが、ここでは、**bash**と呼ばれるシェルを使い
ます。コンテナ内でbashを立ち上げるには、「**docker compose exec**」**コマンドで、**
「**/bin/bash**」**を指定します。**

📌 **書式：コンテナ内でシェルの立ち上げ**

```
docker compose exec コンテナ名 /bin/bash
```

前のセクションで作成したコンテナ内で、シェルを立ち上げてみましょう。

4

Dockerを使った仮想サーバー構築に挑戦！

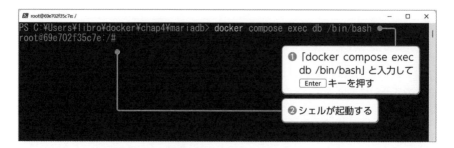

❶ 「docker compose exec db /bin/bash」と入力して Enter キーを押す

❷ シェルが起動する

起動したシェルで、先ほどと同様に、「mariadb --version」を実行してみましょう。

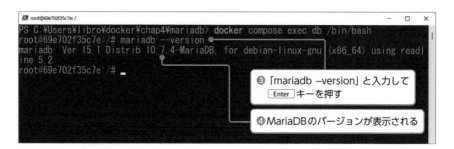

❸ 「mariadb --version」と入力して Enter キーを押す

❹ MariaDBのバージョンが表示される

　続いて、MariaDBに標準で搭載されているCLIを起動してみましょう。本ツールを使うと、テーブルの作成やSQLの発行が行えます。CLIを起動するにはデータベースのログインが必要です。データベースにログインするには、Docker Composeファイルで設定した、データベース名やユーザー名、パスワードを入力します。

❺ 「mariadb -u testuser -D testdb -p」と入力して Enter キーを押す

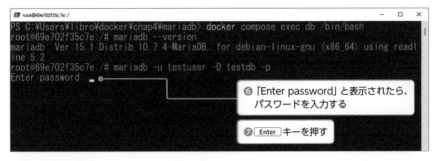

⑥「Enter password」と表示されたら、パスワードを入力する

⑦ Enter キーを押す

4

Dockerを使った仮想サーバー構築に挑戦！

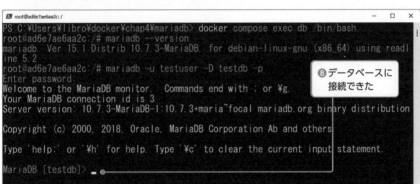

⑧データベースに接続できた

　このように、シェルを起動しておくと、複数の操作を連続して行いやすくなります。そのためコンテナ内で、コマンドを何度も実行したい場合や、初期設定が必要なコマンドを実行する場合は、シェルを起動してみましょう。なお、MariaDBのCLIを終了するには「¥q」（Macでは「\q」）、execで立ち上げたシェルを終了するには「exit」を入力してください。

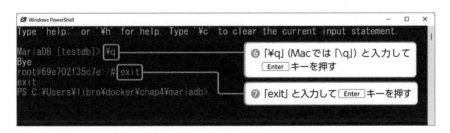

⑥「¥q」（Macでは「\q」）と入力して Enter キーを押す

⑦「exit」と入力して Enter キーを押す

　またここでは、MariaDBを操作するCLIを起動しましたが、CLIだけだと、操作がしづらいでしょう。P.156では、MariaDBを操作するGUIのコンテナを合わせて作る方法も紹介しているので、必要に応じて参照してください。

コンテナは使い終わったら、P.96で紹介した「docker compose stop」コマンドで停止しましょう。コンテナが不要の場合は、P.107で紹介した「docker compose down」コマンドや「docker compose rm」コマンドで、削除してしまいましょう。

コンテナ作成とコマンド実行をする 「run」コマンド

先に述べた通り、「docker compose exec」コマンドは、起動しているコンテナに対してコマンドを実行します。停止状態のコンテナに対して使用することはできません。もし、コンテナが停止している場合は、以下のエラーメッセージが表示されます。

```
service【コンテナ名】is not running container
```

もし、停止状態のコンテナにコマンドの実行をしたい場合は、「docker compose run」コマンドを使用します。「docker compose run」は、コンテナを作成してから、コマンドを実行します。

書式：コンテナの作成と実行

```
docker compose run コンテナ名 コンテナで実行したいコマンド
```

「docker compose run」コマンドは、コンテナ名を指定することからもわかる通り、あくまで特定のコンテナと、依存関係にあるコンテナを起動するものです。Docker Compose ファイルにあるすべてのコンテナを起動するものではないので、テストなど単発的な操作に使います。「docker compose run」コマンドを使う例は、P.181 でも紹介していますので、参考にしてください。

複数コンテナを
一発構築

#コンテナ作成／#CMS構築

WordPress + MariaDB コンテナを構築する

検証用サーバーが欲しい場合、複数のサーバーを組み合わせた構成にしたい場合も多いはずです。ここでは、複数コンテナを一度に作成してみましょう。

4

Dockerを使った仮想サーバー構築に挑戦！

WordPress + MariaDBのコンテナを作る

　このセクションでは、WordPressのコンテナを構築します。WordPressは有名なCMS（コンテンツ管理システム）なので、使ったことがある方も多いでしょう。WordPressのコンテナを構築しておくと、会社にあるWordPress環境にプログラムなどを反映する前に、自分の環境でいろいろ試してみたい場合などに便利です。また、WordPressを用意する場合、レンタルサーバーを利用することがよくありますが、コンテナなら、数ステップで利用を開始できます。

　なお、WordPressを実行するには、MySQLまたはMariaDBが必要なので、MariaDBのコンテナも合わせて構築します。Docker Composeなら、複数コンテナの作成も簡単です。

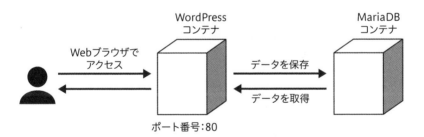

使用するイメージ

イメージ名	Docker HubのURL
wordpress	https://hub.docker.com/_/wordpress
mariadb	https://hub.docker.com/_/mariadb

Docker Compose ファイルには、WordPress と MariaDB の、2つのコンテナの定義を書きます。

WordPress のイメージには、WordPress から接続するデータベースの情報を設定する、環境変数が用意されています。この環境変数に、MariaDB のユーザー名やパスワードを設定することで、WordPress から MariaDB へ接続できます。

WordPress イメージの主な環境変数

環境変数	意味
WORDPRESS_DB_HOST	接続先のコンテナ名。Docker Compose ファイルで定義した名前を設定する
WORDPRESS_DB_NAME	接続先データベースのデータベース名
WORDPRESS_DB_USER	接続先データベースのユーザー名
WORDPRESS_DB_PASSWORD	接続先データベースのパスワード

compose.yaml は、次の通り設定します。

File ■chap4 —— ■wordpress —— 📄compose.yaml

● compose.yaml

```
01  services:
02    db:                    ← MariaDB のコンテナ
03      image: mariadb:10.7
04      environment:         ← 環境変数
05        MARIADB_ROOT_PASSWORD: rootpass
06        MARIADB_DATABASE: wordpress
07        MARIADB_USER: wordpress
08        MARIADB_PASSWORD: wordpress
09      volumes:
10        - db-data:/var/lib/mysql
11    wordpress:             ← WordPress のコンテナ
12      image: wordpress:6.0
13      depends_on:
14        - db
15      environment:         ← 環境変数
16        WORDPRESS_DB_HOST: db        ← MariaDB のコンテナ名
17        WORDPRESS_DB_NAME: wordpress ← MariaDB のデータベース名
```

```
18        WORDPRESS_DB_USER: wordpress ─── MariaDBのユーザー名
19        WORDPRESS_DB_PASSWORD: wordpress ─── MariaDBのパスワード
20      ports:
21        - "8080:80"
22      volumes:
23        - wordpress-data:/var/www/html
24 volumes:
25   db-data:
26   wordpress-data:
```

P.113で紹介した、MariaDBコンテナ用のDocker Composeファイルをもとにして、WordPressのコンテナ定義を追記しています。WordPressにWebブラウザからアクセスできるように、「ports」で、Dockerホストのポート番号とコンテナのポート番号を紐づけています。

また、複数コンテナを作成する際のポイントとしては、**「depends_on」**の利用があります。「depends_on」はコンテナ間の依存関係を設定する項目で、コンテナを作成する順番を制御します。上記のDocker Composeファイルでは、WordPressコンテナの「depends_on」に「db」と書いているので、「docker compose up -d」コマンドを実行すると、MariaDBコンテナ、WordPressコンテナの順に作成されます。WordPressは、データベースに接続しないと使用できません。そのため、「depends_on」を使って作成順を制御しているというわけです。

コンテナの作成

複数コンテナを作成する場合でも、これまでと操作手順は同じです。対象のパスに移動してから、「docker compose up -d」を実行するだけでOKです。

❶対象のパスに移動しておく

❷「docker compose up -d」と
入力して [Enter] キーを押す

4

Dockerを使った仮想サーバー構築に挑戦！

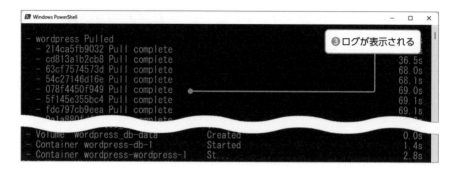

作成したWordPressコンテナにアクセスしてみましょう。Webブラウザで「http://localhost:8080/」へアクセスし、WordPressのトップページが表示されたら、成功です。

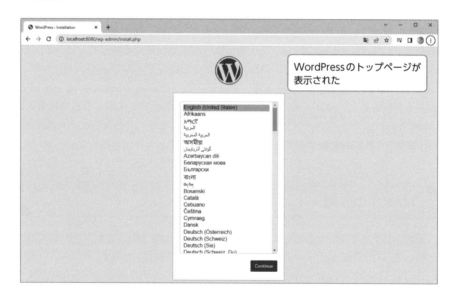

Webブラウザでアクセスする際、「このページは動作していません」「Error establishing a database connection」というエラーが発生する場合があります。その場合は、数十秒ほど待ってから表示すると、エラーが解消することがあります。

なお、次のセクションでもWordPressコンテナを作成するため、ここで立ち上げたコンテナは、「docker compose down」コマンドで削除しておいてください。

さまざまな機能を1つのコンテナに詰め込まないこと

コンテナは、さまざまな機能を1つのコンテナに持たせることも可能ですが、推奨されていません。これは、**コンテナの再利用性を損ない、メンテナンスのコストを増加させるからです。**

たとえば、1つのコンテナにWordPressとMariaDBを詰め込むとしましょう。そうすると、データベースをMySQLに差し替えたい場合に、変更を局所化できません。2つのコンテナに分かれていれば、データベースのコンテナだけ差し替えればよくなります。また、コンテナはオーバーヘッドが小さいので、複数個コンテナを作ることが容易です。

「コンテナやLinuxを学習したい」「ちょっと検証してみたい」といった場合は、1つのコンテナに詰め込んでも問題ありませんが、実際のアプリ開発にコンテナを導入する際は、機能ごとに1コンテナになるよう検討しましょう。

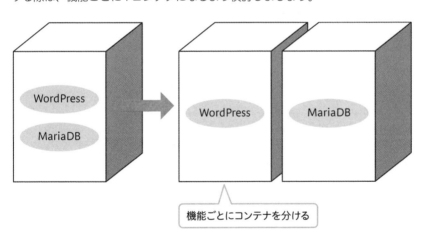

機能ごとにコンテナを分ける

section
10

データを残す
2つの方法

#永続化／#ボリュームとバインドマウント

コンテナ内のデータを
残すには

コンテナ内のデータを残す、永続化という方法を学びましょう。Dockerで永続化するには、ボリュームとバインドマウントという方法がよく使われます。

コンテナ内のデータを残すには永続化が必要

コンテナを削除すると、コンテナ内のデータも合わせて削除されます。Dockerの初心者がつまずきやすいポイントであり、「データも消えるの！？」と驚く方も多くいます。コンテナは作って削除が基本とはいえ、コンテナ内のデータを保存しておきたい場合も多くあります。たとえば、データベースのコンテナを削除した場合に、データベースに登録したテーブルやデータが毎回すべて削除されると困るでしょう。

その場合は、**データの永続化**を行います。Dockerには、データの永続化を行う、**ボリューム**と**バインドマウント**いう機能があります。ボリュームは、P.101でも少し出てきましたね。これらの方法にはそれぞれ特徴があるので、用途や場面に応じて使い分ける必要があります。

永続化する方法①〜ボリューム

ボリュームは、Dockerが管理する記憶領域にデータを永続化する仕組みです。後述するバインドマウントより、データの移行やバックアップが容易です。しかし、Dockerが管理する記憶領域にデータが保存されるので、データを変更する際は、データを直接操作するのではなく、コンテナを通して行います。そのため、データベースのデータなど、直接変更することがないデータに向いています。

P.102で紹介した「docker compose down」コマンドでコンテナを削除する際、デフォルトでは、ボリュームは削除されません。またコンテナを削除しても、ボリュームさえ残しておけば、再度コンテナを作成した際にそのボリュームをマウントすれば、データを利用できます。

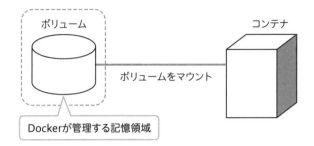

　Docker Composeファイルでは大項目である「volumes」を記述すると、ボリュームが作成されます。「volumes」に記載したボリューム名を、「services」下の「volumes」に記載すると、対象のコンテナのデータがボリュームで永続化されます。

　Docker Composeファイルで「volumes」を記述する書式は、以下の通りです。

```
services:
  コンテナ名:
    image: 使用するイメージ名
    volumes:
      - 「volumes」に定義したボリューム名：コンテナ内のパス
volumes:
  ボリューム名
```

永続化する方法②〜バインドマウント

　バインドマウントは、ホストOSのフォルダーやファイルをマウントする仕組みです。データを変更する際は、ホストOSのファイルを直接変更することで、コンテナ内にも自動で反映されます。そのため、変更の頻度が高いデータに向いています。ただし、ホストマシンによってフォルダー構成は異なる可能性があるので、汎用的ではないのがデメリットです。

　一方、先ほど紹介したボリュームの場合は、ホストのフォルダー構成を意識する必要がないのが、メリットといえます。

バインドマウントにするには、Docker Composeファイルで、「services」下に「volumes」と記載します。ボリュームで永続化する場合は、「volumes」にボリューム名を記載していましたが、バインドマウントの場合は、ホストOSのフォルダーを記載します。

```
services:
  コンテナ名:
    image: 使用するイメージ名
    volumes:
      - ホストOS のフォルダー : コンテナ内のパス
```

バインドマウントでは、あくまでホストOSのフォルダーをマウントするので、ホストOSにデータが存在している必要があります。ホストOSのデータを削除すれば、コンテナ内のデータも合わせて削除されます。

ボリュームとバインドマウントの比較

機能	データの保存場所	作成方法
ボリューム	Dockerが管理する記憶領域	「volumes」を記述。「services」下の「volumes」に、ボリュームの名前を書く
バインドマウント	Dockerホストのフォルダー	「services」下の「volumes」に、ホストOSとコンテナのフォルダーの紐づけを記載する

なお、公式では、バインドマウントではなくボリュームの使用が推奨されています。そのため、直接変更する必要がないのであれば、ボリュームを利用しておいたほうがよいでしょう。

バインドマウントに変更してみよう

WordPressでは、テーマをカスタマイズする際に、PHPやCSSのファイルを変更することが多くあります。そのためWordPressのデータを、バインドマウントに変更してみましょう。

compose.yamlは、次の通り設定します。

File 📁 chap4 —— 📁 wordpress02 —— 📄 compose.yaml

● **compose.yaml**

```
01  services:
02    db:
03      image: mariadb:10.7
04      environment:
05        MARIADB_ROOT_PASSWORD: rootpass
06        MARIADB_DATABASE: wordpress
07        MARIADB_USER: wordpress
08        MARIADB_PASSWORD: wordpress
09      volumes:
10        - db-data:/var/lib/mysql
11    wordpress:
12      image: wordpress:6.0
13      depends_on:
14        - db
15      environment:
16        WORDPRESS_DB_HOST: db
17        WORDPRESS_DB_NAME: wordpress
18        WORDPRESS_DB_USER: wordpress
19        WORDPRESS_DB_PASSWORD: wordpress
20      ports:
21        - "8080:80"
22      volumes:
23        - ./html:/var/www/html ——— バインドマウントに変更
24  volumes:
25    db-data: ——— ボリュームから「wordpress-data:」を削除
```

4

Dockerを使った仮想サーバー構築に挑戦！

129

バインドマウントにしたWordPressコンテナを作成する

　もし、P.124のコンテナを起動したままなら、「docker compose down」コマンド
で削除してから、バインドマウントにしたWordPressコンテナを作成してください。
これは、ポート番号の衝突（P.147参照）を避けるためです。

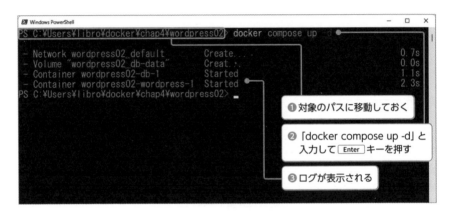

❶対象のパスに移動しておく

❷「docker compose up -d」と
　入力して Enter キーを押す

❸ログが表示される

❹バインドマウントのためWordPressの
　ファイルがホストのフォルダーに作成
　される

section
11

#コンテナ作成／#フレームワーク

Flaskコンテナを構築する

イメージの
カスタマイズも学ぶ

次は、有名なWebアプリフレームワークである、Flaskをコンテナ上で動かしてみましょう。

4

Webアプリフレームワークのコンテナを作る

　Webアプリフレームワークとは、Webアプリを作るための機能や仕組みをまとめたものです。フレームワークを導入すると、Webアプリを作りやすくなるので、とてもよく使われています。今回は例として、**Flask（フラスク）**というPythonのWebフレームワークをコンテナ上で動かしてみます。Flaskは、軽量かつ扱いやすいので、人気が高いフレームワークです。

・Flask

　https://flask.palletsprojects.com/en/2.1.x/

　そもそもFlaskを使うには、次の手順が必要です。

①Pythonをインストール
②「pip install flask」コマンドを実行して、Flaskをインストール
③Flaskで動作させるプログラムを作成
④「flask run」コマンドを実行して、Flaskに組み込まれているWebサーバーを実行

　そのためFlaskのコンテナを作るには、Pythonのイメージに対して、上記の手順を行う必要があります。このように、ソフトウェアのインストールやファイルのコピーを行ったイメージを作りたい場合は、**DockerFile（ドッカーファイル）** を使います。

DockerFileとは

　DockerFileとは、**どんなイメージを作るのか設定を記述するテキストファイル**のことです。どのイメージをもとに、どんなソフトウェアをインストールするのか、などを記述します。DockerFileを配置しておくと、dockerコマンドやdocker composeコマンドでイメージのビルドを行う際、DockerFileに従ったイメージを作ることが可能です。

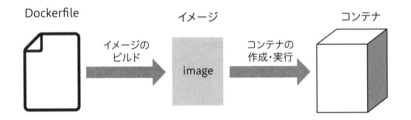

　DockerFileには主に、次の命令を記述できます。命令は、記述した順番に実行されます。

DockerFile に記述できる主な命令

命令	意味
FROM	もととなるイメージを指定する
RUN	イメージのビルド時に、実行するコマンド
CMD	コンテナの起動時に、実行するデフォルトのコマンド。「docker container run」コマンドやDocker Composeファイルで、上書きすることが可能
EXPOSE	公開するポート番号。ただし、あくまでどのポートを公開するかという意図を表すものであり、実際に公開するには、「docker container run」で「-p」を指定するか、Docker Composeファイルで「ports」を記述する必要がある
COPY	イメージにファイルやフォルダーをコピーする
ADD	イメージにファイルやフォルダーをコピーする。tarファイルの展開など、COPYより多機能。基本的に、COPYのほうが推奨されている
ENTRYPOINT	コンテナの起動時に実行するコマンド。基本的にはコマンドの上書きはできない
WORKDIR	作業ディレクトリを指定する。該当ディレクトリが存在しない場合、ディレクトリを作成

コメントは、YAMLと同様で、「#」を付けて記述します。

Point

DockerFile と
Docker Compose は何が違う？

DockerFile と Docker Compose は何が違うのか、少し紛らわしいかもしれませんね。DockerFile はあくまで、カスタムイメージを作るためのファイルです。対してDocker Compose は、複数コンテナの作成を行うソフトウェアです。そのため、ソフトウェアをインストールしたり、特定のファイルをコピーしたりして、カスタムイメージを作成したい場合は、DockerFile が必要です。

また、DockerFile ではネットワークの作成はできませんが、Docker Compose は、ネットワークの作成、どのコンテナを先に起動するかなどのコンテナの起動方法も制御できます。このように、両者はそもそも目的が異なるものなので、違いを理解しておきましょう。

Flask上で動かすプログラムを作成する

では、Flaskが動作するコンテナを作っていきましょう。Flask上で動作させるPythonのプログラムは、次の通りです。Webブラウザ上に「Hello Flask!」と表示す

る、簡単なプログラムです。Flaskの記法については、本書の主題から外れるので、紹介しません。文字列を表示するプログラム、という認識を持つだけで充分です。このプログラムを作成したら、下記のフォルダー構成の通り保存します。

● **app.py**

```
01  from flask import Flask
02
03  app = Flask(__name__)
04
05  @app.route('/')
06  def hello_flask():
07      return 'Hello Flask!'  ── Webブラウザ上に「Hello Flask!」と表示する
```

Dockerfileを作成する

このセクションで使用するイメージは、次の通りです。

使用するイメージ

イメージ名	Docker HubのURL
python	https://hub.docker.com/_/python

Pythonのイメージに対して、Flaskのインストールを行いたいため、Dockerfileを使います。Pythonのプログラム「app.py」、compose.yamlも含めて、以下のフォルダー構成とします。

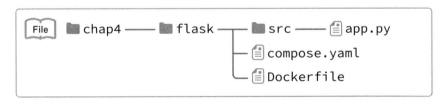

compose.yamlとDockerfileを
同階層に配置

4

　P.87で「作成したいコンテナの情報を整理してから、Docker Compose ファイル
に落とし込みましょう」と説明しましたが、それはDockerfile も同様です。 **「どんな
イメージを作りたいのか」を整理してから、Dockerfile に落とし込む必要があります。**
そのため、今回作るイメージについて整理しておきましょう。ただし、とりあえずコ
ンテナを動かしたい場合は、Dockerfile をコピー＆ペーストするだけでも問題ありま
せん。

　Flaskを動作させるイメージを作るために、必要な手順は以下の通りです。

・「pip install flask」コマンドを実行して、Flaskをインストール
・「app.py」をコンテナ内へコピーする
・「flask run --host=0.0.0.0」コマンドを実行して、Flask に組み込まれている Web
　サーバーを実行

　この手順を落とし込んだDockerfileは、次の通りです。

● **Dockerfile**

```
01  FROM python:3.10 ─────────────────①
02  WORKDIR /usr/src/app ─────────────②
03  RUN pip install flask==2.1.0 ─────③
04  CMD ["flask", "run", "--host=0.0.0.0"] ──④
```

①イメージの指定

先頭にある「FROM」は、もととなるイメージを指定する命令です。FROMのあとには、イメージ名を記述します。さらに、イメージ名のあとに：（コロン）を書くと、イメージのバージョンを記述できます。ここでは、Python3.10を使用します。

②作業ディレクトリの指定

「WORKDIR」命令を使って、作業ディレクトリを指定します。「WORKDIR」命令は、該当ディレクトリが存在しない場合、ディレクトリを作成します。このディレクトリへのapp.pyのコピーはバインドマウントで行うので、ここでは割愛しています。

③イメージのビルド時にコマンドを実行

「RUN」では、イメージのビルド時に、実行するコマンドを指定します。「RUN pip install flask==2.1.0」によって、flaskをインストールするコマンドを実行します。なおpipは、Pythonでライブラリをインストールするのに使うツールです。

④コンテナの起動時にコマンドを実行

「CMD」命令によって、「flask run --host=0.0.0.0」コマンドを実行します。「CMD」では、「flask run --host=0.0.0.0」のように書くこともできますが、[ ]で囲んで、カンマ区切りで書くことが推奨されています。そのためここでは、[ ]で囲んでいます。

使用する設定ファイル

このセクションで使用するcompose.yamlは、次の通りです。compose.yamlには、Pythonコンテナの定義を書きます。

● **compose.yaml**

```
01  services:
02    web:                            ← コンテナの名前
03      build: .
04      environment:
05        FLASK_ENV: development       ← 環境変数
06      ports:
07        - "5000:5000"                ← ポート番号
08      volumes:
09        - ./src:/usr/src/app         ← ボリューム
```

「build」に、カレントフォルダーを表す「.」を書くと、カレントフォルダーにある
Dockerfileを使ってイメージが作成されます。

　Flaskでプログラムの即時反映をするには、環境変数FLASK_ENVを
「development」にしておく必要があります。そのため、「environment」に「FLASK_
ENV: development」と記載します。

　そしてポート番号には、Flaskのデフォルトのポート番号である「5000」を指定し
ます。また、プログラムの変更がしやすいように、app.pyを格納した「src」フォル
ダーと、コンテナ内の「/usr/src/app」を、バインドマウントの設定にします。

コンテナの作成

　Dockerfile、compose.yaml、app.pyを配置したら、これまでと同じように、「docker
compose up -d」を実行します。

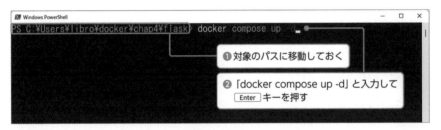

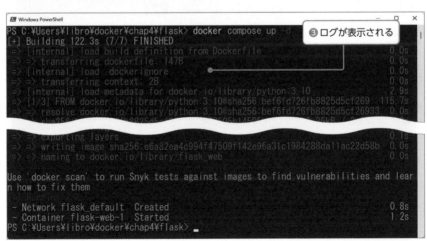

Webブラウザで、http://localhost:5000/へアクセスしてみましょう。

ファイル変更の即時反映を確認する

バインドマウントしたファイルを変更したら、コンテナ内のファイルにも反映されるかを確認してみましょう。app.pyを、以下のように編集してください。

● app.py

```
01 from flask import Flask
02
03 app = Flask(__name__)
04
05 @app.route('/')
06 def hello_flask():
07     return 'Hello Docker!'            変更
```

Dockerホストのファイルが反映されたかを、Webブラウザで確認してみましょう。反映されていれば、「Hello Docker!」と表示されます。

Web ブラウザにページが表示されない場合は

コンテナが作成できているのに Web ブラウザにページが表示されない場合は、compose.yaml ではなく、コンテナに載せたプログラム「app.py」にタイプミスがあるなど、コンテナ内でエラーが発生している可能性もあります。このようにコンテナがうまく動作していない場合は、「docker compose logs」コマンドを使ってみましょう。「docker compose logs」は、コンテナのログを表示するコマンドです。

📌 **書式：コンテナのログを表示**

```
docker compose logs コンテナ名
```

たとえば、「app.py」にタイプミスがある場合は、以下のようなログが表示されます。

```
Windows PowerShell                                                    –  □  ×
PS C:¥Users¥libro¥docker¥chap4¥flask> docker compose logs web
flask-web-1    |  * Environment: development
flask-web-1    |  * Debug mode: on
flask-web-1    |    WARNING: This is a development
deployment. Use a production WSGI server ins
flask-web-1    |  * Running on all addresses (0
flask-web-1    |  * Running on http://127.0.0.1:5000
flask-web-1    |  * Running on http://172.22.0.2:5000
flask-web-1    |    Press CTRL+C to quit
flask-web-1    |  * Restarting with stat

             ad_unlocked
flask-web-1    |        self._app = rv = self.loader()
flask-web-1    |      File "/usr/local/lib/python3.10/site-packages/flask/cli.py", line
393, in load_app
flask-web-1    |        app = locate_app(import_name, None, raise_if_not_found=False)
flask-web-1    |      File "/usr/local/lib/python3.10/site-packages/flask/cli.py", line
234, in locate_app
flask-web-1    |        __import__(module_name)
flask-web-1    |      File "/usr/src/app/app.py", line 7
flask-web-1    |        return 'Hello Docker !
flask-web-1    |    SyntaxError: unterminated string literal (detected at line 7)
```

❶「docker compose logs web」と入力して Enter キーを押す

❷ ログが表示される

このログの場合は、「SyntaxError：～ at line 7」とあるので、7 行目に文法誤りがあることがわかります。

イメージを再ビルドするには

最後に、Flask のバージョンを 1 つ上げてみましょう。Dockerfile の Flask のバージョンを、「flask==2.1.1」に変更します。

● Dockerfile

```
01  FROM python:3.10
02  WORKDIR /usr/src/app
03  RUN pip install flask==2.1.1 ————[変更]
04  CMD ["flask", "run", "--host=0.0.0.0"]
```

変更したら、イメージのビルドを行う、「docker compose build」コマンドを実行します。

書式：イメージのビルド

```
docker compose build
```

これまで使用してきた「docker compose up -d」コマンドは、イメージがすでにある場合は、イメージのビルドをし直すことなく、すでにあるイメージを使います。そのため、Flaskのバージョンの記載を変更しても、イメージの再ビルドが行われません。

イメージの再ビルドを明示的に行うには、「docker compose build」コマンドを使います。

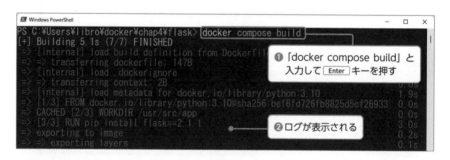

コンテナ内でコマンドを実行して、Flaskのバージョンを確認してみましょう。

「docker compose exec」コマンドを使って、Pythonに用意されている、ライブラリを一覧表示する「pip list」コマンドを実行します。

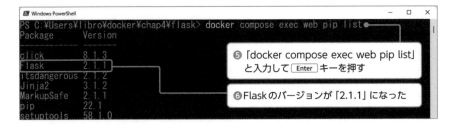

なお、ここでは「docker compose build」コマンドを実行しましたが、「docker compose up -d」に「--build」オプションを付与しても、イメージの再ビルドは可能です。イメージの再ビルドとコンテナの実行を同時にする場合は、利用してみましょう。

 書式：イメージの再ビルドとコンテナの実行

```
docker compose up -d --build
```

4

Dockerを使った仮想サーバー構築に挑戦！

Column

DockerFileの更新が反映されない場合は

DockerFileを更新し、「docker compose build」コマンドを実行しても、DockerFileの変更内容がイメージに反映されないこともあります。イメージのビルドにはキャッシュが使われるためです。キャッシュは、以前行った操作や処理のデータのことです。Dockerは、キャッシュを使うことで、2回目以降のビルドを高速に行っています。もしキャッシュを一切使いたくないなら、「--no-cache」オプションを付与しましょう。

 書式：キャッシュを使わずにイメージをビルド

```
docker compose build --no-cache
```

ただしキャッシュを使わない場合、ビルドに時間がかかりますので、このオプションは必要に応じて使うようにしましょう。

「docker compose」コマンドのまとめ

ここまで、さまざまな「docker compose」コマンドを解説してきました。ここで一度、コマンドの動作についてまとめましょう。機能を忘れてしまった場合は、参考にしてください。

コンテナの作成に関わる docker compose コマンド

コマンド	イメージのビルド	コンテナの作成	コンテナの実行
build	○		
start			○
up	△（対象のイメージがない場合にビルドを実施）	○	○
up --build	○	○	○
run（特定のコンテナのみが操作対象）	△（対象のイメージがない場合にビルドを実施）	○	○

コンテナの停止や削除に関わる docker compose コマンド

コマンド	コンテナの停止	コンテナの削除	イメージの削除
stop	○		
rm		○	
rm -s	○	○	
down	○	○	
down --rmi all	○	○	○

section 12

コンテナのネットワーク

コンテナ間の
通信を追う

コンテナを理解するには、ネットワークの大まかな理解も必要です。ここで、コンテナのネットワークについて解説しましょう。

4

Dockerを使った仮想サーバー構築に挑戦！

コンテナのネットワークはどうなっている？

　ここまで、コンテナの作成を何度も行ったので、少し慣れてきたのではないでしょうか。本章の最後に、コンテナのネットワークについて紹介しておきましょう。ただし、コンテナのネットワークは少々難しい話になるので、Docker Composeでコンテナを作れればよい、という場合は、読み飛ばしても構いません。

　皆さんは普段から、パソコンを会社のネットワークにつないだり、スマートフォンをWi-Fiにつないだり、というように、多くの場面でネットワークを利用していること思います。コンテナのネットワークの場合、コンテナとコンテナの外をつなぐネットワークと、コンテナ間をつなぐネットワークが必要なことを、まず理解しましょう。たとえば、P.123で作成したWordPressコンテナは、Webブラウザからアクセスできました。これは、コンテナとコンテナの外をつなぐネットワークのおかげでできた操作です。また、WordPressコンテナは、合わせて作成したMariaDBコンテナに、データを保存します。これは、コンテナ間もネットワーク通信ができるようになっていることを表します。

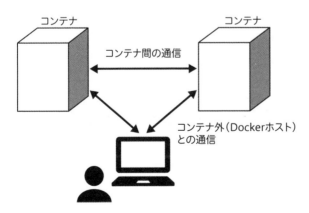

143

そして、このネットワークは、P.31でも解説した、**仮想ネットワーク**です。
Dockerでは、コンテナが使う仮想ネットワークを作る機能が提供されています。

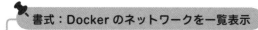

Dockerでは3つのネットワークがデフォルトで作られる

　一度、Dockerのネットワークを確認してみましょう。Dockerで作成されているネットワークを一覧で表示するには、**「docker network ls」**コマンドを使います。

書式：Dockerのネットワークを一覧表示

```
docker network ls
```

　このコマンドはどの階層で実行しても問題ありません。

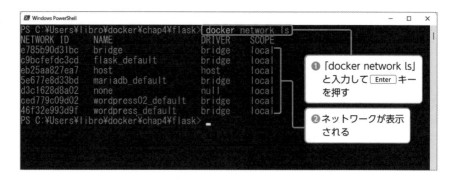

　表示されたNAME欄に、「bridge」「host」「none」という名前のネットワークがあります。これは、**Dockerが自動で作成したデフォルトネットワーク**です。この3つのネットワークは、それぞれ機能が異なります。

Dockerで自動作成されるネットワーク

ネットワーク名	概要
bridge	コンテナ間、コンテナ外と通信できるネットワーク
host	Dockerホストのネットワークをそのまま使う
none	コンテナ間、コンテナ外とも通信できない

　主に使われるのはbridgeなので、「bridgeというネットワークが自動で作られる」とだけ押さえておきましょう。たとえば、P.80で解説した「docker container run」コマンドを使ってApacheコンテナを作る際、接続するネットワークの指定を何もせずに「docker container run --name apache01 -p 8080:80 -d httpd」コマンドを実行しました。このコマンドで作られたApacheコンテナの場合は、bridgeネットワークに接続されます。

Docker Composeでは専用のネットワークが作られる

　Dockerでは、デフォルトのbridgeネットワークではなく、ユーザーがネットワークを作成することもできます。デフォルトのbridgeネットワークでは、IPアドレスによって互いにアクセスできます。しかし、コンテナ名で通信できない、無関係のコンテナ間で通信できるようになるなど、いくつか不便な点があるので、ユーザーが新規作成したネットワークを利用することが推奨されています。
　ユーザーがネットワークを作成するには、「docker network create」コマンドを使いますが、Docker Composeでは、**Docker Composeで定義したコンテナが通信できる専用のネットワークが、デフォルトで作成されます。** このネットワークは、先ほど紹介したbridgeネットワークのように、コンテナ間、コンテナ外と通信できるネットワークです。このネットワークのおかげで、同一のDocker Composeプロジェクトのコンテナ間では、コンテナ名を使って簡単に通信できます。
　たとえば、P.122では、「WORDPRESS_DB_NAME」にMariaDBのコンテナ名を書くことで、WordPressコンテナからMariaDBのコンテナへ接続しています。

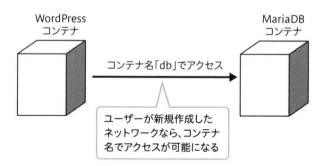

WordPress
コンテナ

MariaDB
コンテナ

コンテナ名「db」でアクセス

ユーザーが新規作成した
ネットワークなら、コンテナ
名でアクセスが可能になる

外部からコンテナへ通信するには

コンテナ間での通信について述べましたが、コンテナの外からコンテナ内部へ通信する場合、ポートフォワーディングが必要です。**ポートフォワーディング**とは、特定のポート番号宛ての通信を、あらかじめ設定した別のポート番号へ転送することです。

コンテナを外部へ公開する場合は、Docker Compose ファイルで「services」に、「ports」を指定することで、ポートフォワーディングの設定を行います。たとえば P.122 の WordPress コンテナでは、「ports」に「"8080:80"」と書き、ホストのポート番号8080と、コンテナ内のポート番号80を紐づけています。

● compose.yaml（抜粋）

```
11   wordpress:
12     image: wordpress:6.0
13     depends_on:
14       - db
15     environment:
16       WORDPRESS_DB_HOST: db
17       WORDPRESS_DB_NAME: wordpress
18       WORDPRESS_DB_USER: wordpress
19       WORDPRESS_DB_PASSWORD: wordpress
20     ports:
21       - "8080:80"    ◀── Docker ホストのポート 8080 とコンテナのポート 80 を紐づける
```

こうすることで、ホストのポート番号8080に対する通信が、コンテナのポート番号80へ転送されます。

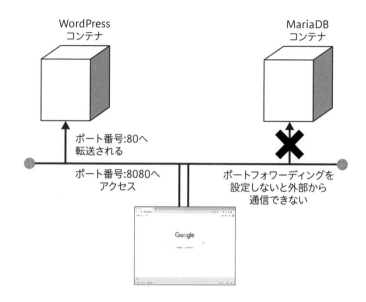

4

Dockerを使った仮想サーバー構築に挑戦！

　なお、コンテナのポート番号をなぜ80にしているかというと、WordPressのイメージで、公開するポートは80、という指定がされているためです。公開ポートを調べるには、Docker Hubの対象イメージのページを参照しましょう。

ポートフォワーディングでよく起きるエラー

　ポートフォワーディングでよく起きるエラーがありますので、紹介しておきましょう。
　Docker Composeファイルで「ports」を記述して、コンテナを作成すると、「Bind for 0.0.0.0:【ポート番号】failed: port is already allocated」といったエラーが発生することがあります。これは、**Dockerホストのポート番号が、実行中のほかのコンテナなどですでに使われている**というエラーです。その際は、Docker Composeファイルに記述するDockerホストのポート番号を1つずらすなどして、使われていないポート番号に変えて再実行してみましょう。たとえば、「ports」に「8080:80」を書いてエラーになった際は、「8081:80」などにします。

● compose.yaml（抜粋）

```
20    ports:
21      - "8081:80"    ── Dockerホストのポート番号を1つずらす
```

147

または、対象のポート番号を利用しているコンテナを停止しましょう。対象のポート番号を利用しているコンテナが不明の場合は、「docker container ls」コマンドを使います。「docker container ls」コマンドを使うと、「PORTS」列には、Dockerホスト番号とコンテナのポート番号の紐づけが表示されます。

①「docker container ls」と入力して [Enter] キーを押す

②ポート番号の紐づけが表示される

　対象のポート番号を利用しているコンテナがわかったら、そのコンテナを「docker compose stop」コマンドで停止しましょう。

CHAPTER

5

すぐに使えるDocker
設定ファイル集

section
01

Debianコンテナ

Linuxの構築も
Dockerなら簡単

本章では、さまざまなOSやフレームワークのコンテナを作るための設定ファイルを紹介します。まずは、Debianコンテナを作る方法です。

Debianとは

　Debian（デビアン）は、Linuxのディストリビューションの1つです。ディストリビューションとは、Linuxカーネルとライブラリなどをまとめたパッケージのことでしたね。Linuxを勉強したい、動作検証したい場合に、初心者がイチからLinux環境を構築するのは、ハードルが高く感じてしまうものです。そんなときは、Dockerで構築してみるのが1つの手です。

・Debian
　https://www.debian.org/

使用するイメージと設定ファイル

　使用するイメージとフォルダー構成、設定ファイルは、次の通りです。

使用するイメージ

使用するイメージ	Docker HubのURL
debian	https://hub.docker.com/_/debian

File　📁chap5 ── 📁debian ── 📄compose.yaml

● compose.yaml

```
01  services:
02    debian:
03      image: debian:11.3
04      tty: true
```

　このcompose.yamlでは、Debianバージョン11.3を設定しています。なお、ここで作成するコンテナには、あくまでDebianのみが構築されるので、必要なライブラリなどがある場合は、各自でインストールしてください。

コンテナの作成

　先ほど示したファイルを使い、コンテナを作成します。

❶対象のパスに移動しておく

❷「docker compose up -d」と入力して Enter キーを押す

❸ログが表示される

5

すぐに使えるDocker設定ファイル集

コンテナは、フォアグラウンドで実行されるプロセスがないと、起動後すぐに終了してしまいます。そうすると、コンテナ内に入ってソフトウェアを手動でインストールしたり、コンテナ内のディレクトリ構成を確認したりといった操作ができません。

そこで便利なのが「tty」という設定項目です。compose.yamlに「tty: true」と書くと、フォアグラウンドで実行されるプロセスがなくても、コンテナを起動させたままにすることができます。コンテナを起動させたままにしたいのに、すぐに終了してしまう場合は、この項目を追加してみましょう。

Debianコンテナ内でコマンドを実行してみよう

　Debianコンテナを使って、Linuxコマンドの実行練習をしたい場合は、P.117の「docker compose exec」コマンドを使って、シェルを立ち上げましょう。たとえば、インストールしたDebianのバージョンを確認するには、Linuxの「cat」コマンドを利用します。このコマンドを、「docker compose exec」コマンドを使って実行します。

❶「docker compose exec debian /bin/bash」と入力して Enter キーを押す

❷ シェルが立ち上がる

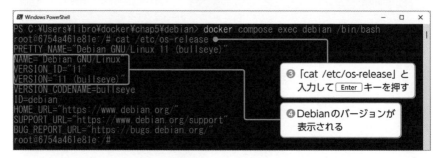

❸「cat /etc/os-release」と入力して Enter キーを押す

❹ Debianのバージョンが表示される

Debianコンテナ内でディレクトリ構成を確認してみよう

　Debianコンテナ内のディレクトリ構成も確認してみましょう。ディレクトリの一覧を表示するには、Linuxの「ls」コマンドを使います。

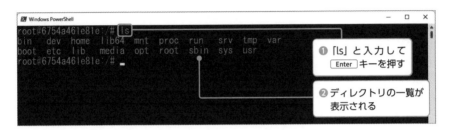

❶「ls」と入力して
　Enter キーを押す

❷ディレクトリの一覧が
　表示される

　表示されたディレクトリに移動してみましょう。ディレクトリを移動するには、Linuxの「cd」コマンドを使います。

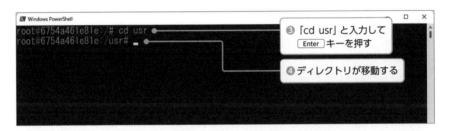

❸「cd usr」と入力して
　Enter キーを押す

❹ディレクトリが移動する

　execで立ち上げたシェルを終了するには、「exit」と入力してください。また、Debianコンテナにソフトウェアをインストールしたい場合は、P.190を参考にしてください。

section 02

Ubuntuコンテナ

Linuxの学習や
検証用に使おう

ここでは、Linuxのディストリビューションの1つである、Ubuntuのコンテナ
を作成します。

Ubuntuとは

Ubuntu（ウブントゥ） は、Linuxのディストリビューションの1つです。Debianと
同様、学習やテストのためのLinux環境を手軽に構築したいときに使用してみてくだ
さい。コンテナなら、Linuxへのソフトウェアインストールを気軽に試せますし、シ
ステムが壊れても、コンテナを再作成すれば、また使い始めることができます。

・Ubuntu
https://jp.ubuntu.com/

使用するイメージと設定ファイル

使用するイメージとフォルダー構成、設定ファイルは、次の通りです。

使用するイメージ

使用するイメージ	Docker HubのURL
ubuntu	https://hub.docker.com/_/ubuntu

File　📘chap5 ── 📁ubuntu ── 📄compose.yaml

● **compose.yaml**

```
01  services:
02    ubuntu:
03      image: ubuntu:22.04
04      tty: true
```

このcompose.yamlでは、Ubuntuのバージョン22.04を設定しています。

コンテナの作成

先ほど示したファイルを使い、コンテナを作成します。

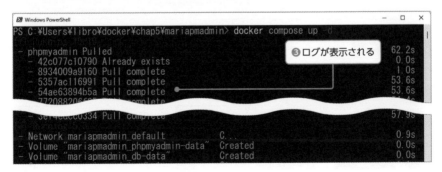

前のセクションのDebianコンテナと同様、コンテナ内でコマンドを実行するには、「docker compose exec」コマンドを使用してください。

#データベース／#MariaDB

section
03

MariaDB＋
phpMyAdminコンテナ

データベースを
GUIで操作

ここでは、MariaDBに加えて、MariaDBを操作するGUIツールのコンテナも
合わせて作成します。

phpMyAdminとは

　MariaDBのコンテナはP.113で作成しましたが、MariaDBのコンテナ単体だと、
MariaDBにテーブルを作成したりデータを登録したりするのに、CLIを使うことにな
ります。それだと不便なので、**phpMyAdmin（ピーエイチピーマイアドミン）** のコ
ンテナも合わせて作る方法を紹介します。phpMyAdminは、MariaDBを操作できる
GUIツールです。

・phpMyAdmin
　https://www.phpmyadmin.net/

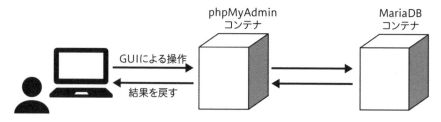

使用するイメージと設定ファイル

使用するイメージとフォルダー構成、設定ファイルは、次の通りです。

使用するイメージ

使用するイメージ	Docker HubのURL
mariadb	https://hub.docker.com/_/mariadb
phpmyadmin	https://hub.docker.com/_/phpmyadmin

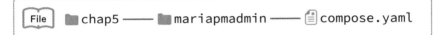

File　■ chap5 ── ■ mariapmadmin ── 🗎 compose.yaml

● compose.yaml

```
01 services:
02   db: ─────────── [MariaDB コンテナ]
03     image: mariadb:10.7
04     environment: ─────── [MariaDB のユーザー名などを指定]
05       MARIADB_ROOT_PASSWORD: rootpass
06       MARIADB_DATABASE: testdb
07       MARIADB_USER: testuser
08       MARIADB_PASSWORD: testpass
09     volumes:
10       - db-data:/var/lib/mysql ─────── [ボリューム]
11   phpmyadmin: ─────── [phpMyAdmin コンテナ]
12     image: phpmyadmin:5.2
13     depends_on:
14       - db
15     environment:
16       PMA_HOST: db ───── [MariaDB コンテナの名前を設定]
17       PMA_USER: testuser                               [設定する環境変数]
18       PMA_PASSWORD: testpass
19     ports:
20       - "8080:80" ────── [ポート番号]
21     volumes:
22       - phpmyadmin-data:/sessions ── [ボリューム]
23 volumes: ──────── [ボリュームの作成]
```

5

すぐに使えるDocker設定ファイル集

```
24    db-data:
25    phpmyadmin-data:
```

このcompose.yamlでは、mariadbはバージョン10.7、phpMyAdminは5.2を設定しています。

phpMyAdminにアクセスする際、デフォルトでは、ユーザー名とパスワードを入力する画面が表示されます。しかし毎回入力するのも手間なので、ここでは、phpMyAdminのコンテナで以下の環境変数を設定しています。

設定する環境変数

環境変数	意味
PMA_HOST	データベースのホスト名。ここではMariaDBコンテナの名前を設定する
PMA_USER	データベースのユーザー名。ここではMariaDBのユーザー名を設定する
PMA_PASSWORD	データベースのパスワード。ここではMariaDBのパスワードを設定する

コンテナの作成

先ほど示したファイルを使い、コンテナを作成します。

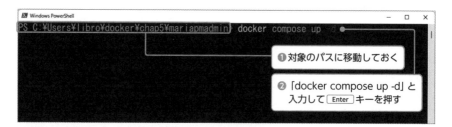

❶対象のパスに移動しておく

❷「docker compose up -d」と入力して Enter キーを押す

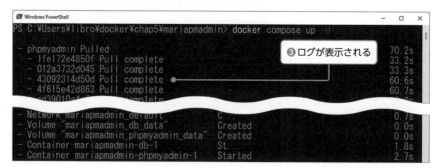

❸ログが表示される

　コマンドを実行した際に、「Bind for 0.0.0.0:【ポート番号】failed: port is already allocated」エラーが発生したら、P.147を参照してポート番号をずらすか、「docker compose stop」コマンドなどを使って対象のコンテナを停止してください。その後に、「docker compose up -d」コマンドを再実行しましょう。

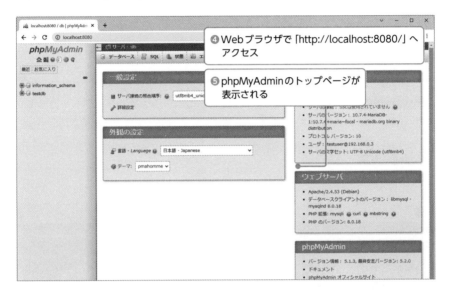

　Webブラウザでのアクセス時に、「接続できません」というエラーが発生した場合は、数十秒ほど待ってから再度表示してみましょう。
　作成したコンテナには、MariaDBとphpMyAdminのみが構築されているので、テーブルの作成やデータの登録は、phpMyAdminから行ってください。

section
04

データベースを
簡単に構築

PostgreSQLコンテナ

ここまでデータベースはMariaDBを使用していましたが、ここでは、リレーショナルデータベースである、PostgreSQLのコンテナを作成してみましょう。

PostgreSQLとは

PostgreSQL（ポストグレスキューエル） は、リレーショナルデータベースの1つです。MariaDBなどと同様、知名度、人気ともに高いデータベースです。

・PostgreSQL
https://www.postgresql.org/

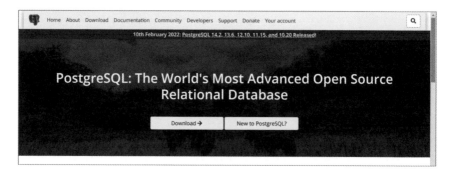

使用するイメージと設定ファイル

使用するイメージとフォルダー構成、設定ファイルは、次の通りです。

使用するイメージ

使用するイメージ	Docker HubのURL
postgres	https://hub.docker.com/_/postgres

● **compose.yaml**

```
01  services:
02    db:
03      image: postgres:14.2
04      environment:
05        POSTGRES_DB: testdb
06        POSTGRES_USER: testuser          設定する環境変数
07        POSTGRES_PASSWORD: testpass
08      volumes:
09        - db-data:/var/lib/postgresql/data ── ボリューム
10  volumes: ──────────────────────────── ボリュームの作成
11    db-data:
```

このcompose.yamlでは、PostgreSQLバージョン14.2を設定しています。ここで作成するコンテナは、あくまでPostgreSQLのみが構築されているので、テーブルの作成やデータの挿入は、個別に行ってください。

設定する環境変数

環境変数	意味
POSTGRES_DB	データベース名
POSTGRES_USER	データベースのユーザー名
POSTGRES_PASSWORD	データベースのパスワード。設定が必須

コンテナの作成

先ほど示したファイルを使い、コンテナを作成します。

5

すぐに使えるDocker設定ファイル集

❶ 対象のパスに移動しておく

❷ 「docker compose up -d」と入力して Enter キーを押す

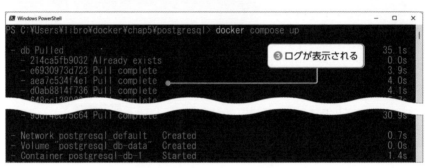

❸ ログが表示される

「docker compose exec」コマンドを使うことでコンテナ内でpsqlを起動して、インストールしたPostgreSQLのバージョンを確認してみましょう。psqlは、コマンドラインベースでPostgreSQLの操作を行えるツールです。

❹ 「docker compose exec db /bin/bash」と入力して Enter キーを押す

❺ シェルが起動する

❻ 「psql -U testuser -d testdb」と入力して Enter キーを押す

❼ PostgreSQLのバージョンが表示される

psqlを終了するには、「¥q」(Macでは「\q」)を入力してください。

section
05

データベースの
操作がラクに

#データベース／#PostgreSQL

PostgreSQL＋
pgAdmin4コンテナ

ここでは、PostgreSQLに加えて、PostgreSQLを操作するGUIツールのコンテナも合わせて作成します。

5

すぐに使えるDocker設定ファイル集

pgAdmin4とは

　MariaDB+phpMyAdminの組み合わせのように、PostgreSQLでも、操作用のGUIツールのコンテナを作る方法を紹介します。ここでは、PostgreSQLを操作できる、**pgAdmin4（ピージーアドミンフォー）** というツールのコンテナを合わせて作ります。

・pgAdmin4
https://www.pgadmin.org/

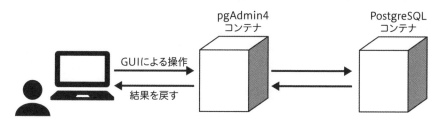

使用するイメージと設定ファイル

使用するイメージとフォルダー構成、設定ファイルは、次の通りです。

使用するイメージ

使用するイメージ	Docker HubのURL
postgres	https://hub.docker.com/_/postgres
dpage/pgadmin4	https://hub.docker.com/r/dpage/pgadmin4/

> **File** 📖 📁 chap5 —— 📁 postgresqladmin —— 📄 compose.yaml

● compose.yaml

```
01  services:
02    db: ─────────────── PostgreSQL コンテナ
03      image: postgres:14.2
04      environment:
05        POSTGRES_DB: testdb
06        POSTGRES_USER: testuser
07        POSTGRES_PASSWORD: testpass
08      volumes:
09        - db-data:/var/lib/postgresql/data ── ボリューム
10    pgadmin4: ─────── pgAdmin4 コンテナ
11      image: dpage/pgadmin4:6.9
12      depends_on:
13        - db
14      environment:
15        PGADMIN_DEFAULT_EMAIL: 【使用可能なメールアドレス】   設定する
16        PGADMIN_DEFAULT_PASSWORD: samplepass               環境変数
17      ports:
18        - "8080:80" ── ポート番号
19      volumes:
20        - pgadmin4-data:/var/lib/pgadmin ── ボリューム
21  volumes: ─────── ボリュームの作成
22    db-data:
23    pgadmin4-data:
```

ここでは、phpMyAdmin のコンテナで、以下の環境変数を設定します。

設定する環境変数

環境変数	意味
PGADMIN_DEFAULT_EMAIL	初期管理者アカウント用のメールアドレス。pgAdmin4へログインする際に使用する値であり、設定が必須。各自で使用可能なメールアドレスを設定すること
PGADMIN_DEFAULT_PASSWORD	初期管理者アカウント用のパスワード。pgAdmin4へログインする際に使用する値であり、設定が必須

コンテナの作成

先ほど示したファイルを使い、コンテナを作成します。

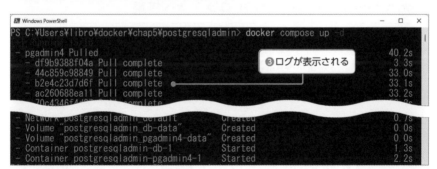

　コマンドを実行した際に、「Bind for 0.0.0.0:【ポート番号】failed: port is already allocated」エラーが発生したら、P.147を参照してポート番号をずらすか、「docker compose stop」コマンドなどを使って対象のコンテナを停止してください。その後に、「docker compose up -d」コマンドを再実行しましょう。

④Webブラウザで「http://localhost:8080/」
へアクセス

⑤pgAdmin4のトップページが
表示される

Webブラウザでアクセスする際、「接続できません」「このページは動作していません」といったエラーが発生する場合があります。その場合は、数十秒ほど待ってから再度表示してみましょう。

pgAdmin4でPostgreSQLコンテナへ接続

ここまでで、コンテナの作成が完了しました。最後に、Webブラウザで表示したpgAdmin4から、PostgreSQLコンテナへ接続する方法を紹介します。

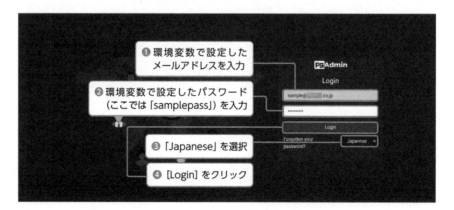

❶環境変数で設定した
メールアドレスを入力

❷環境変数で設定したパスワード
（ここでは「samplepass」）を入力

❸「Japanese」を選択

❹[Login]をクリック

⑤［新しいサーバを追加］をクリック

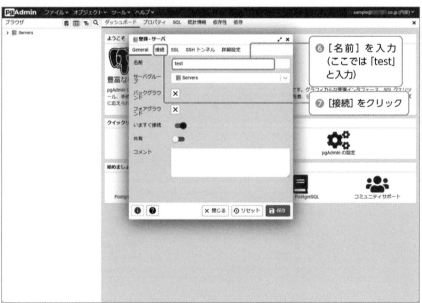

⑥［名前］を入力
（ここでは「test」
と入力）

⑦［接続］をクリック

すぐに使えるDocker設定ファイル集

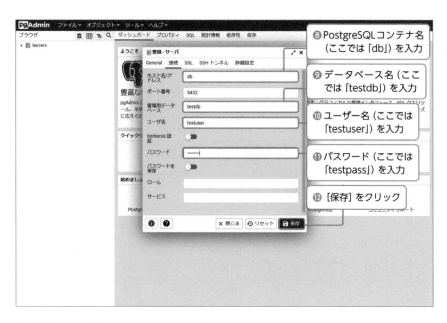

⑧ PostgreSQL コンテナ名（ここでは「db」）を入力

⑨ データベース名（ここでは「testdb」）を入力

⑩ ユーザー名（ここでは「testuser」）を入力

⑪ パスワード（ここでは「testpass」）を入力

⑫［保存］をクリック

⑬ PostgreSQL コンテナへ接続できる

　これで、テーブルの作成やデータの登録は、psqlではなく、pgAdmin4から行えるようになりました。

section
06

#Webサーバー／#nginx

nginxコンテナ

近ごろ人気が高い
Webサーバー

ここでは、有名なWebサーバーソフトウェアである、nginxのコンテナを作成
します。

nginxとは

nginx（エンジンエックス） は、オープンソースのWebサーバーです。処理が高速
であり、かつメモリの消費量が少ないのが特長で、近年、Apacheと並んでとても人
気が高いWebサーバーです。

・nginx
https://www.nginx.co.jp/

使用するイメージと設定ファイル

使用するイメージとフォルダー構成、設定ファイルは、次の通りです。

使用するイメージ

使用するイメージ	Docker HubのURL
nginx	https://hub.docker.com/_/nginx

● compose.yaml

```
01  services:
02    nginx:
03      image: nginx:1.22
04      ports:
05        - "8080:80"                               ポート番号
06      volumes:
07        - ./html:/usr/share/nginx/html      ボリューム
```

nginxで動作させるWebページは、以下の通りです。

● index.html

```
01  <html>
02    <head>
03      <title>Hello nginx on Docker!</title>
04    </head>
05    <body>
06      <h1>Hello nginx on Docker!</h1>
07    </body>
08  </html>
```

コンテナの作成

先ほど示したファイルを使い、コンテナを作成します。

すぐに使えるDocker設定ファイル集

　コマンドを実行した際に、「Bind for 0.0.0.0:【ポート番号】failed: port is already allocated」エラーが発生したら、P.147を参照してポート番号をずらすか、「docker compose stop」コマンドなどを使って対象のコンテナを停止してください。その後に、「docker compose up -d」コマンドを再実行しましょう。

　これで、コンテナの作成が終わりました。Webブラウザで接続確認をしてみましょう。

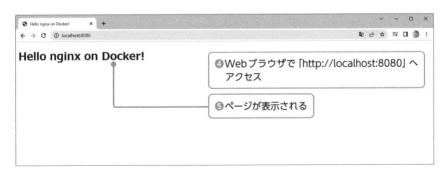

section
07

Pythonで
Webアプリ構築

#フレームワーク／#Django

Djangoコンテナ

ここでは、PythonのWebアプリフレームワークの1つである、Djangoのコンテナを作成します。

Djangoとは

Django（ジャンゴ）は、PythonでWebアプリを作るためのフレームワークです。P.131で紹介したFlaskは軽量なことが特長のフレームワークでしたが、Djangoはさまざまな機能が用意されている、フルスタックなフレームワークです。実際の開発現場では、どちらもよく使われています。

・Django
https://www.djangoproject.com/

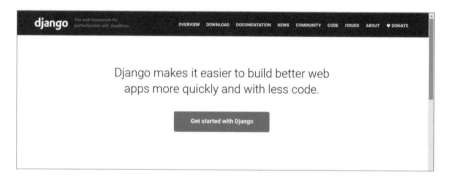

Djangoでは、デフォルトで、SQLiteと呼ばれるデータベースを使うよう設定されています。しかしここでは、SQLiteではなく、PostgreSQLを使うように設定します。

Djangoの動作に必要な手順

そもそもDjangoとPostgreSQLを組み合わせて使うには、以下の手順が必要です。

① Pythonをインストール

②「pip install Django」コマンドを実行して、Djangoをインストール

③「pip install psycopg2-binary」コマンドを実行して、psycopg2-binary（Python
からPostgreSQLに接続するためのライブラリ）をインストール

④「django-admin startproject【プロジェクト名】.」コマンドを実行して、Django
のプロジェクトを作成

⑤作成したDjangoプロジェクト内のsettings.pyを、PostgreSQLに接続する設定
に書き換える

⑥「python manage.py runserver」コマンドを実行して、Webサーバーを実行

使用するイメージと設定ファイル

ソフトウェアをインストールしたイメージが必要なので、Dockerfileを作ります。
イメージは、Pythonの公式イメージを使います。

使用するイメージ

使用するイメージ	Docker HubのURL
python	https://hub.docker.com/_/python

Djangoの動作に必要な手順を落とし込んだ、Dockerfileとcompose.yamlは、次
の通りです。

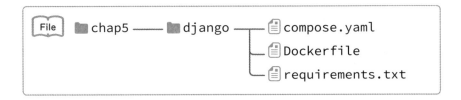

```
File    📁 chap5 ── 📁 django ──┬ 📄 compose.yaml
                                ├ 📄 Dockerfile
                                └ 📄 requirements.txt
```

● Dockerfile

```
01  FROM python:3.10 ──── Python イメージ
02  WORKDIR /code
03  ADD requirements.txt /code/
04  RUN pip install -r requirements.txt
05  CMD ["python", "manage.py", "runserver", "0.0.0.0:8000"]
```

requirements.txtには、インストールするPythonのライブラリを記載します。ここでは、Djangoとpsycopg2-binaryです。

● requirements.txt

```
01 Django
02 psycopg2-binary
```

requirements.txtにまとめておき、「pip install -r requirements.txt」コマンドを実行すると、複数のライブラリを一括でインストールできます。インストールしたいライブラリが多い場合は利用してみましょう。なお、これはDockerではなく、pip（P.136参照）の機能です。

ADDでrequirements.txtを追加しておくことで、pipコマンドの実行時に、requirements.txtを読みこめるようになります。

● compose.yaml

```
01 services:
02   db:              ── PostgreSQL コンテナ
03     image: postgres:14.2
04     environment:
05       POSTGRES_DB: testdb
06       POSTGRES_USER: testuser
07       POSTGRES_PASSWORD: testpass
08     volumes:
09       - db-data:/var/lib/postgresql/data
10   web:             ── Django コンテナ
11     build: .
12     depends_on:
13       - db
14     ports:
15       - "8000:8000"  ──────── ポート番号
16     volumes:
17       - .:/code      ──────── ボリューム
18 volumes:   ── ボリュームの作成
19   db-data:
```

コンテナ作成のための準備

　Djangoコンテナを作るにはいくつか準備が必要なので、順番に行っていきましょう。

Djangoプロジェクトの作成

　Djangoを起動するには、Djangoプロジェクトの作成が必要です。プロジェクトを作成後、設定ファイルの書き換えを行うためにも、まずは「docker compose run」コマンドでDjangoプロジェクトを作ります。イメージのビルドには時間がかかるので、気長に待ちましょう。「docker compose run」コマンドを入力する際、コンテナ名（ここではweb）を指定するのは忘れやすいポイントなので、注意してください。

```
docker compose run --rm web django-admin startproject
myproject .
```

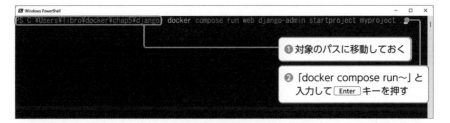

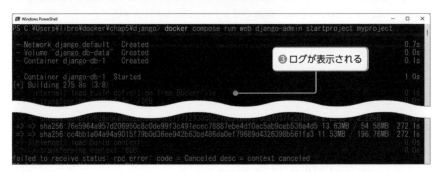

すぐに使えるDocker設定ファイル集

5

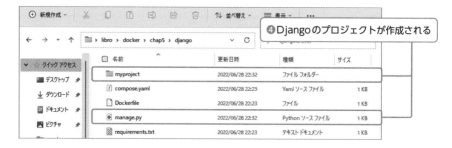

④Djangoのプロジェクトが作成される

設定ファイル（settings.py）の編集

Djangoの接続先を、SQLiteからPostgreSQLに変更しましょう。作成された「myproject」フォルダー内にある、settings.pyの「DATABASES」を変更します。

「DATABASES」に設定するパラメータは以下の通りです。

settings.py で変更、修正するパラメータ

環境変数	意味
ENGINE	データベースエンジン名
NAME	データベースのホスト名。ここではPostgreSQLのデータベース名を指定する
USER	データベースのユーザー名。ここではPostgreSQLのユーザー名を指定する
PASSWORD	データベースのパスワード。ここではPostgreSQLのパスワードを指定する
HOST	データベースのホスト。ここではPostgreSQLのコンテナ名を指定する
PORT	ポート番号。ここではPostgreSQLのポート番号を指定する

settings.pyの「DATABASES」は、以下のように変更します。バインドマウントしているので、変更した内容は、自動でコンテナに反映されます。

● settings.py（修正）

```
　～省略～
76 DATABASES = {
77     'default': {
78         'ENGINE': 'django.db.backends.postgresql',
79         'NAME': 'testdb',
80         'USER': 'testuser',
81         'PASSWORD': 'testpass',
82         'HOST': 'db',
83         'PORT': 5432,
84     }
85 }
　～省略～
```

このように修正

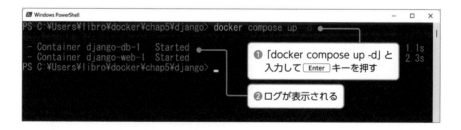

settings.py - メモ帳

ファイル　編集　表示

⑤「myproject/settings.py」を
テキストエディターで開く

```
# Database
# https://docs.djangoproject.com/en/4.0/ref/settings/#databases

DATABASES = {
    'default': {
        'ENGINE': 'django.db.backends.sqlite3',
        'NAME': BASE_DIR / 'db.sqlite3',
    }
}
```

settings.py - メモ帳

ファイル　編集　表示

⑥settings.pyの記述を修正

```
WSGI_APPLICATION = 'myproject.wsgi.application'

# Database
# https://docs.djangoproject.com/en/4.0/ref/settings/#databases

DATABASES = {
    'default': {
        'ENGINE': 'django.db.backends.postgresql',
        'NAME': 'testdb',
        'USER': 'testuser',
        'PASSWORD': 'testpass',
        'HOST': 'db',
        'PORT': 5432,
    }
}
```

コンテナの作成

準備が終わったら、コンテナを作成します。

Windows PowerShell

```
PS C:\Users\libro\docker\chap5\django> docker compose up -d

 - Container django-db-1    Started                                    1.1s
 - Container django-web-1   Started                                    2.3s
PS C:\Users\libro\docker\chap5\django> _
```

❶「docker compose up -d」と
入力して Enter キーを押す

❷ログが表示される

　これで、コンテナの作成が終わりました。Webブラウザで接続確認をしてみましょう。

177

5

すぐに使えるDocker設定ファイル集

ここで作成したコンテナのDjangoプロジェクトは、初期状態のままです。Django
にプログラムを追加したい場合は、ローカルにマウントした「myproject」フォルダー
内を変更・追加しましょう。

section
08

Windowsでの
Ruby環境構築にも

#プログラミング言語／#Ruby

Rubyコンテナ

ここでは、オブジェクト指向プログラミング言語の1つである、Rubyのコンテナを作成します。

5

すぐに使えるDocker設定ファイル集

Rubyとは

　Ruby（ルビー）は、オープンソースのオブジェクト指向プログラミング言語です。主に、Webアプリの開発に使われています。RubyはWindows上でも動きます。ただし、後述するRuby on Rails（RubyのWebアプリフレームワーク）の場合は、Windowsだと思わぬトラブルが発生する可能性もあります。そんなときは、コンテナで構築してみましょう。

・Ruby
　https://www.ruby-lang.org/ja/

使用するイメージと設定ファイル

　使用するイメージとフォルダー構成、設定ファイルは、次の通りです。

使用するイメージ

使用するイメージ	Docker HubのURL
ruby	https://hub.docker.com/_/ruby

179

● compose.yaml

```
01  services:
02    ruby:
03      image: ruby:3.0
04      tty: true
05      volumes:
06        - ./src:/src ───────── ボリューム
```

Rubyで動作させるプログラムは、以下の通りです。

● test.rb

```
01  puts "Hello World"
```

コンテナの作成

先ほど示したファイルを使い、コンテナを作成します。

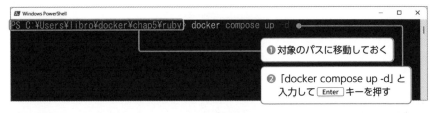

❶ 対象のパスに移動しておく

❷ 「docker compose up -d」と
　入力して [Enter] キーを押す

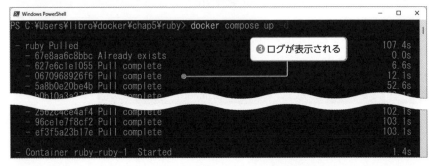

❸ ログが表示される

これで、コンテナの作成が終わりました。test.rbを実行してみましょう。

```
docker compose exec ruby ruby /src/test.rb
```

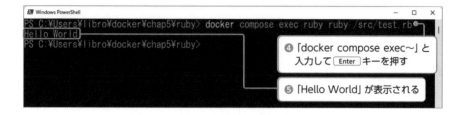

④「docker compose exec〜」と入力して Enter キーを押す

⑤「Hello World」が表示される

すぐに使えるDocker設定ファイル集

プログラムを1回実行すればよい場合は

ここでは、あくまでRubyの学習を行うための環境として紹介しているため、プログラムを何度も実行させることを考慮して、Rubyコンテナは起動したままになるようにしています。ただし、プログラムを1回実行すればよいなら「docker compose run」コマンドを使う方法もあります。

P.120にもあるように、「docker compose run」コマンドは、テストなど、単発的な操作に使います。たとえば、test.rbを「docker compose run」コマンド使って実行するなら、次のようになります。

```
docker compose run --rm ruby ruby /src/test.rb
```

このコマンドを使うと、Rubyコンテナが起動し、コンテナ内で「ruby /src/test.rb」コマンドが実行されます。

ここでポイントなのが**「--rm」オプション**です。「--rm」オプションを付与しないと、「docker compose run」コマンドを実行するたびにコンテナが増えていくので、付与しておくことをおすすめします。上記の例では「--rm」オプションを付与しているので、コンテナの実行が終了次第、このコンテナは削除されます。

このように、「docker compose run」コマンドを使うと、コンテナの実行が終わったらすぐに破棄するような使い方が可能です。

Rubyで
Webアプリ構築

#フレームワーク／#Ruby on Rails

Ruby on Railsコンテナ

ここでは、RubyのWebアプリフレームワークの1つである、Ruby on Rails
のコンテナを作成します。

Ruby on Railsとは

Ruby on Rails（ルビーオンレイルズ。以降、Rails）は、RubyでWebアプリを作
るためのフレームワークです。Rubyの代表的なフレームワークで、人気・知名度と
もに高いのが特長です。

・Ruby on Rails
https://rubyonrails.org/

Blog   Guides   API   RAILS   Forum   Contribute   Team

Compress the complexity of
modern web apps.

Learn just what you need to get started, then keep leveling up as
you go. **Ruby on Rails scales from HELLO WORLD to IPO.**

Rails 7.0.2.3 — released March 8, 2022

Ruby on Railsはデータベースに接続する必要があります。ここでは、MariaDBを
使うように設定します。

Railsの動作に必要な手順

RailsとMariaDBを組み合わせて使うのに必要な手順は、次の通りです。

①Rubyをインストール

②Railsの動作に必要なライブラリ（Node.jsやyarn）をインストール

③Gemfile、Gemfile.lockファイルを作成

④「bundle install」コマンドを実行して、railsをインストール

⑤「rails new . --force --no-deps --database=mysql」コマンドを実行して、Rails
のプロジェクトを作成

⑥作成したRailsプロジェクト内のdatabase.ymlを、MariaDBに接続する設定に書
き換える

⑦「rake db:create」コマンドを実行して、データベースを作成する

⑧「rails server」コマンドを実行して、Webサーバーを実行

使用するイメージと設定ファイル

ソフトウェアをインストールしたイメージが必要なので、Dockerfileを作ります。
イメージは、Rubyの公式イメージを使います。

使用するイメージ

使用するイメージ	Docker HubのURL
Ruby	https://hub.docker.com/_/ruby
mariadb	https://hub.docker.com/_/mariadb

Railsの動作に必要な手順を落とし込んだ、Dockerfileとcompose.yamlは、次の
通りです。

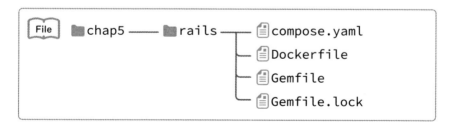

● Dockerfile

```
01  FROM ruby:3.0.4
02  RUN apt-get update -qq
03  RUN curl -fsSL https://deb.nodesource.com/setup_lts.x |
    bash - && apt-get install -y nodejs
04  RUN npm install --global yarn
05
06  WORKDIR /samplerails
07  COPY Gemfile Gemfile.lock /samplerails/
08  RUN bundle install
09  CMD ["rails", "server", "-b", "0.0.0.0"]
```

● compose.yaml

```
01  services:
02    db: ───────── MariaDB コンテナ
03      image: mariadb:10.7
04      environment:
05        MARIADB_ROOT_PASSWORD: password
06      volumes:
07        - db-data:/var/lib/mysql ─────── ボリューム
08    web: ────── Rails コンテナ
09      build: .
10      depends_on:
11        - db
12      environment:
13        DATABASE_PASSWORD: password
14      ports:
15        - "3000:3000" ────── ポート番号
16      volumes:
17        - .:/samplerails ────── ボリューム
18  volumes:
19    db-data:
```

イメージにソフトウェアをインストールするために、Dockerfileに「RUN apt-get
～」コマンドを記載しています。ソフトウェアをインストールするコマンドについて
はこのセクションの最後に補足します。

またRailsコンテナを作るには、GemfileとGemfile.lockが必要です。**Gemfile**とは、
Rubyのライブラリを管理するためのファイルです。ここで使うGemfileの内容は、

以下の通りです。なお、Gemfile.lockは、空のテキストファイルで用意してください。

● Gemfile

```
01 source 'https://rubygems.org'
02 gem 'rails', '6.1.0'
```

コンテナ作成のための準備

Railsコンテナを作るには、いくつか準備が必要なので、順番に行っていきましょう。

Railsプロジェクトの作成

Railsを起動するには、Railsプロジェクトの作成が必要です。プロジェクトを作成後、設定ファイルの書き換えを行うためにも、まずは「docker compose run」コマンドでRailsプロジェクトを作ります。イメージのビルドには時間がかかるので、気長に待ちましょう。「docker compose run」コマンドを入力する際、コンテナ名（ここではweb）を指定するのは忘れやすいポイントなので、注意してください。

```
docker compose run --rm web rails new . --force --no-deps
--database=mysql
```

なお、ここで実行している「rails new . --force --no-deps --database=mysql」コマンドは、Railsに用意されているものです。

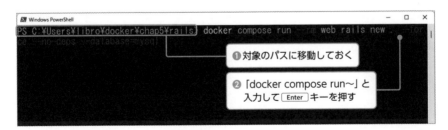

❶対象のパスに移動しておく

❷「docker compose run〜」と
入力して Enter キーを押す

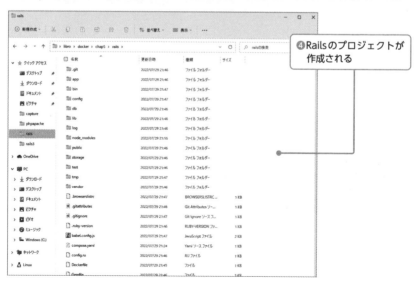

❸ログが表示される

❹Railsのプロジェクトが
作成される

186

イメージを再びビルドする必要があるので、「docker compose build」コマンドを実行します。

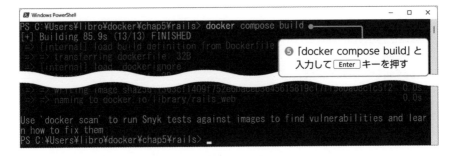

❺「docker compose build」と
入力して Enter キーを押す

設定ファイル（database.yml）の編集

Railsの接続先を、MariaDBコンテナにするために、作成された「config」フォルダー内にある、database.ymlを開きます。

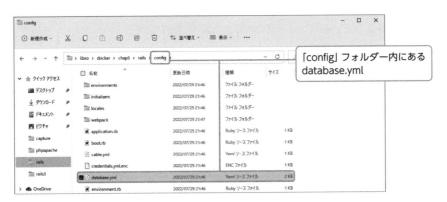

「config」フォルダー内にある
database.yml

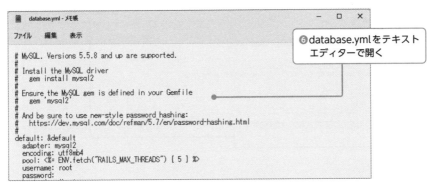

❻database.ymlをテキスト
エディターで開く

database.ymlの「default: &default」を以下のように変更します。バインドマウント（P.127参照）しているので、ここで変更した内容は、自動でコンテナに反映されます。

● database.yml（修正）

```
       ～省略～
12  default: &default
13     adapter: mysql2
14     encoding: utf8mb4
15     pool: <%= ENV.fetch("RAILS_MAX_THREADS") { 5 } %>
16     username: root
17     password: <%= ENV.fetch("DATABASE_PASSWORD") %>    ── 変更
18     host: db ──────────── 変更
19     port: 3306 ─────────── 追加
       ～省略～
```

ここで修正しているパラメータの意味は、以下の通りです。

database.yml で変更、修正するパラメータ

パラメータ	意味
password	データベースのパスワード
host	データベースのホスト名。ここではMariaDBのコンテナ名を指定する
port	データベースのポート番号。ここではMariaDBのポート番号を指定する

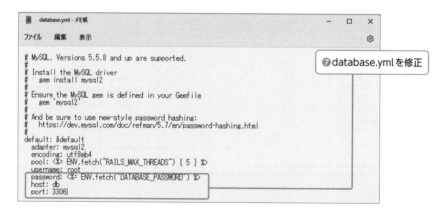

コンテナの作成

準備が終わったら、コンテナを作成します。

Railsを起動するには、事前にデータベースを作成する必要があるので、Railsに用意されている「rake db:create」コマンドを実行します。

```
docker compose exec web rake db:create
```

これで、コンテナの作成が終わりました。Webブラウザで接続確認をしてみましょう。

ここで作成したコンテナのRailsプロジェクトは、初期状態のままです。プログラムを追加したい場合は、ローカルのRailsプロジェクトに追加・変更していきましょう。

PHPの環境を
ラクに構築

#PHP／#Apache

PHP＋Apache＋
MariaDBコンテナ

ここでは、Web開発でよく使われる、PHP＋Apache＋MariaDBという構成
でコンテナを作成します。

5

すぐに使えるDocker設定ファイル集

PHPとは

PHP（ピーエイチピー） とは、プログラミング言語の1つであり、主にWeb開発
でよく使われます。そしてそのPHPに、ApacheとMariaDBを組み合わせた構成も、
Web開発で使われることが多くあります。この構成を、コンテナで構築してみましょ
う。

・PHP

https://www.php.net/

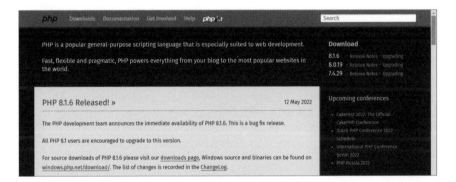

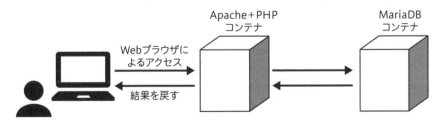

使用するイメージと設定ファイル

使用するイメージとフォルダー構成、設定ファイルは、次の通りです。

使用するイメージ

使用するイメージ	Docker HubのURL
php	https://hub.docker.com/_/php
mariadb	https://hub.docker.com/_/mariadb

なお、ここでは、Apacheを含んだPHPイメージである、「php:【バージョン番号】-apache」を使います。

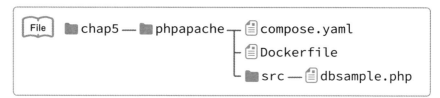

File 📁chap5 — 📁phpapache ┬ 📄compose.yaml
                            ├ 📄Dockerfile
                            └ 📁src — 📄dbsample.php

● Dockerfile

```
01  FROM php:8.0-apache ───────── PHP イメージ
02  RUN apt-get update && apt-get install -y libonig-dev &&
    docker-php-ext-install pdo_mysql
```

● compose.yaml

```
01  services:
02    db: ─────── MariaDB コンテナ
03      image: mariadb:10.7
04      environment:
05        MARIADB_ROOT_PASSWORD: rootpass
06        MARIADB_DATABASE: testdb
07        MARIADB_USER: testuser
08        MARIADB_PASSWORD: testpass
09      volumes:
10        - db-data:/var/lib/mysql ───────── ボリューム
11    php: ─────── PHP コンテナ
```

```
12    build: .
13    depends_on:
14      - db
15    ports:
16      - "8080:80"  ───ポート番号
17    volumes:
18      - ./src:/var/www/html  ───────ボリューム
19 volumes:
20   db-data:
```

動作させるPHPプログラムは、以下の通りです。

● **dbsample.php**

```php
01 <?php
02    try {
03        $dsn = 'mysql:dbname=testdb;host=db';
04        $db = new PDO($dsn, 'testuser', 'testpass');
05        echo " 接続に成功しました ";
06    } catch (PDOException $e) {
07        echo " 接続に失敗しました ";
08        echo $e->getMessage();
09        exit;
10    }
11 ?>
```

コンテナの作成

先ほど示したファイルを使い、コンテナを作成します。イメージのビルドには時間がかかるので、気長に待ちましょう。

5

すぐに使えるDocker設定ファイル集

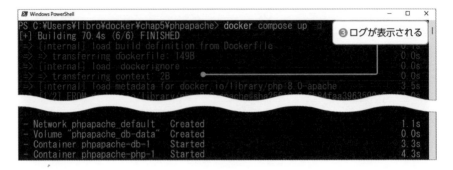

コマンドを実行した際に、「Bind for 0.0.0.0:【ポート番号】failed: port is already allocated」エラーが発生したら、P.147を参照してポート番号をずらすか、「docker compose stop」コマンドなどを使って対象のコンテナを停止してください。その後に、「docker compose up -d」コマンドを再実行しましょう。

これで、コンテナの作成が終わりました。Webブラウザで以下のURLへアクセスしてみましょう。

・http://localhost:8080/dbsample.php

なお、以下の画面が表示された場合は、dbsample.phpでのユーザー名やパスワードの指定に誤りがないか、よく確認してみましょう。

194

section

11

特に人気がある
Javaフレームワーク

#フレームワーク／#Spring Boot

Spring Bootコンテナ

ここでは、JavaのWebアプリフレームワークの1つである、Spring Bootの
コンテナを作成します。

Spring Bootとは

Spring Boot（スプリングブート） は、JavaでWebアプリを作るためのフレーム
ワークです。JavaのWebアプリフレームワークはかなりの種類がありますが、その
中でも知名度が高く、実際の開発でよく使われています。

・Spring Boot
https://spring.io/projects/spring-boot

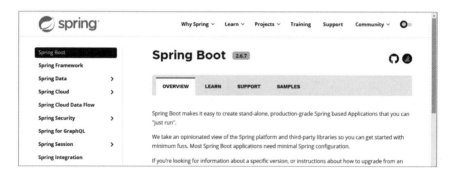

Spring Bootの動作に必要な手順

Spring Bootの動作に必要な手順は、以下の通りです。

①Javaをインストール
②Spring Bootのプロジェクトを作成
③Spring Bootのプロジェクト内にあるプログラムを修正する
④「./mvnw spring-boot:run」コマンドを実行

コンテナ作成のための準備

Spring Bootコンテナを作るには、いくつか準備が必要なので、順番に行っていきましょう。

Spring Bootのプロジェクトを作成

Spring Bootのプロジェクトを、以下のWebページで事前に作成します。

・Spring Initializr
https://start.spring.io/

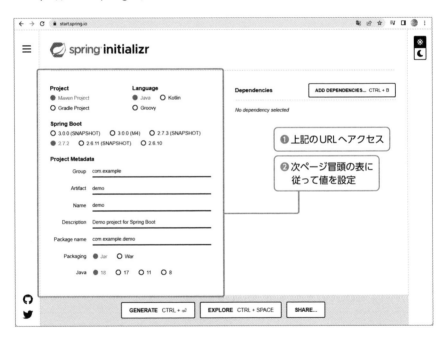

ここでは、入力値は次の通りとします。

Spring Initializr での設定値

項目	値
Project	Maven Project
Language	Java
Spring Boot	2.7.x (ここでは「2.7.2」)
Artifact、Name	demo
Package name	com.example.demo
Java	18

❸ [ADD DEPENDENCIES] をクリック

❹ [Spring Web] をクリック

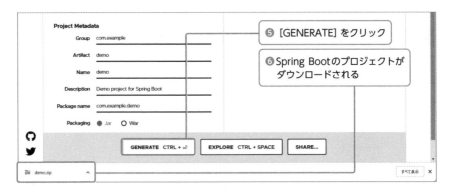

Spring Bootプロジェクト内にあるプログラムを修正

ダウンロードしたSpring Bootのプロジェクトはzip形式なので、解凍します。解凍したフォルダー「demo」には、以下のようなファイルが含まれています。

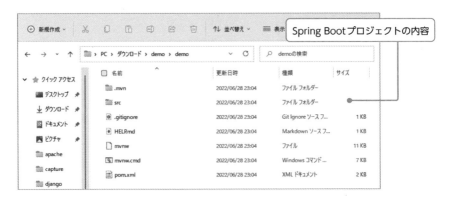

「demo」フォルダー内にある以下のファイルを以下のように修正します。

・「/demo/src/main/java/com/example/demo/DemoApplication.java」

● DemoApplication.java

```
01  package com.example.demo;
02
03  import org.springframework.boot.SpringApplication;
04  import org.springframework.boot.autoconfigure.
    SpringBootApplication;
```

```
05  import org.springframework.web.bind.annotation.
    RequestMapping;       追加
06  import org.springframework.web.bind.annotation.
    RestController;        追加
07
08
09  @SpringBootApplication
10  @RestController          追加
11  public class DemoApplication {
12
13      public static void main(String[] args) {
14          SpringApplication.run(DemoApplication.class, args);
15      }
16
17      @RequestMapping("/")
18      public String hello() {                    追加
19          return "Hello Spring Boot on Docker";
20      }
21  }
```

使用するイメージと設定ファイル

使用するイメージとフォルダー構成、設定ファイルは、次の通りです。

使用するイメージ

使用するイメージ	Docker HubのURL
openjdk	https://hub.docker.com/_/openjdk

　前ページでダウンロードして解凍した「demo」フォルダー（Spring Bootのプロジェクトフォルダー。Windowsの場合は、解凍したフォルダー内にある「demo」フォルダー）を、compose.yamlと同じ階層にまるごとコピーしてください。

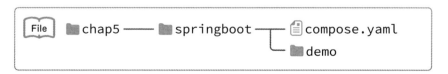

```
File   📁 chap5 ── 📁 springboot ─┬─ 📄 compose.yaml
                                  └─ 📁 demo
```

● compose.yaml

```
01  services:
02    web:
03      image: openjdk:18
04      command : ./mvnw spring-boot:run
05      ports:
06        - "8080:8080"        ── ポート番号
07      volumes:
08        - ./demo:/demo        ── ボリューム
09      working_dir: /demo
```

このcompose.yamlでは、openjdkのバージョン18を設定しています。そしてポート番号には、Spring Bootのデフォルトのポート番号である「8080」を指定します。

コンテナの作成

先ほど示したファイルを使い、コンテナを作成します。

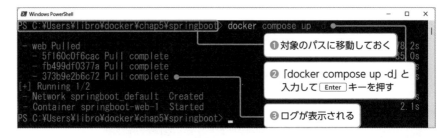

これでコンテナの作成が終わりました。Webブラウザで接続確認してみましょう。

Webブラウザでアクセスする際、「このページは動作していません」というエラーが発生する場合があります。その場合は、数十秒ほど待ってから表示すると、エラーが解消することがあるので確認してみましょう。

Appendix 1

Dockerをさらに
学ぶには

ドキュメントの構成を
理解する

#調べ方／#公式ドキュメント

Docker公式ドキュメントでの調べ方

ここからは、Dockerをさらに勉強したり調べたりする方法について紹介します。まずは、Dockerの公式ドキュメントについて見ていきましょう。

正確な情報を知るならDocker公式ドキュメント

　本書を読んだあとに、さらにDockerについて調べたい場合は、Docker公式ドキュメントを参照しましょう。公式ドキュメントのページ上部にあるタブをクリックすると、コンテンツが表示されます。

・Docker Documentation
　https://docs.docker.com/

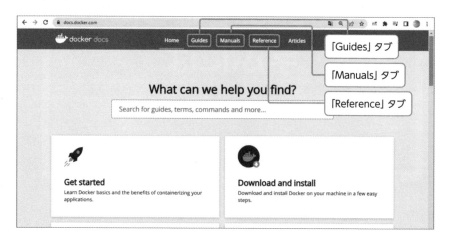

　「Guides」タブには、Dockerの概要やチュートリアルなどが掲載されています。そして「Manuals」タブには、Docker ComposeやDocker Hubなど、Dockerに備わっている機能詳細が掲載されています。そのため、Dockerの全体像が知りたい場合は「Guides」タブ、個々の機能を知りたい場合は「Manuals」タブを参照してください。

DockerコマンドやDockerfileを調べるなら「Reference」タブ

　「Reference」タブは、Dockerコマンドや、DockerfileとDocker Composeファイル（compose.yaml）の命令についてのリファレンスページです。そのため、ある操作を行うためのDockerコマンドはどれなのか、Dockerfileにどんな命令を書けるのかなど、コマンドやファイルの仕様について知りたいときに参照してください。

　ページの左側に、各種リファレンスへのリンクがあります。

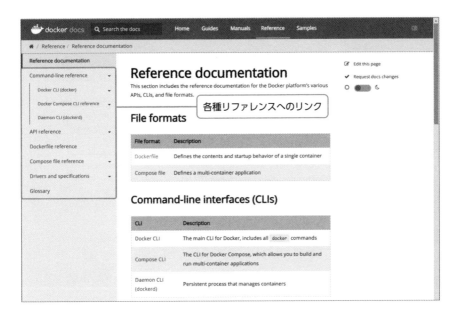

　どのリンクにどの内容があるのか、簡単に紹介しましょう。

各種リファレンスのリンク

リンク名	概要
Command-line reference-Docker CLI (docker)	Dockerコマンドのリファレンス
Dockerfile reference	Dockerfileのリファレンス
Compose file reference	Docker Composeファイルのリファレンス
Glossary	Dockerの用語集

A1

Dockerをさらに学ぶには

Dockerコマンドについて調べてみよう

　ここでは、Dockerコマンドについて調べてみましょう。「Reference」タブで[Docker CLI (docker)]をクリックすると、dockerコマンドが、カテゴリごとに表示されます。docker containerのコマンドを調べたい場合は[docker container]、Docker Composeのコマンドを調べたい場合は[docker compose]をクリックします。

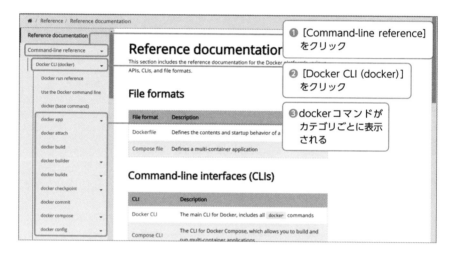

❶ [Command-line reference]をクリック

❷ [Docker CLI (docker)]をクリック

❸dockerコマンドがカテゴリごとに表示される

　ここでは、「docker compose exec」コマンドについて調べてみましょう。

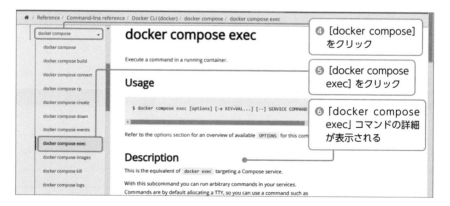

❹ [docker compose]をクリック

❺ [docker compose exec]をクリック

❻「docker compose exec」コマンドの詳細が表示される

画面の上部には、コマンドの意味と書式が記述されています。

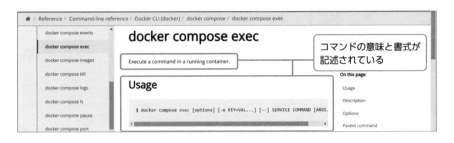

　オプションがある場合は、画面の下部に、オプションの意味と書式が記述されています。コマンドの動作を詳細に設定したい場合は、該当するオプションがないかを、このページで確認しましょう。

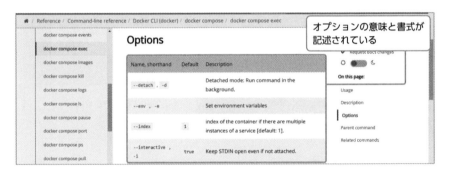

Column

日本語のドキュメントはないの？

Docker の公式ドキュメントは、英語で書かれています。有志による日本語ドキュメントもありますので、日本語の情報が欲しい場合は参照してみましょう。

・Docker ドキュメント日本語化プロジェクト
　https://docs.docker.jp/

ただし、翻訳を行うタイムラグがあるため、情報が古い可能性があります。最新の情報を得たい場合は、Docker の公式ドキュメントを参照しましょう。日本語の情報を参照して、内容を理解してから Docker の公式ドキュメントを読むと、英語でも意味が理解しやすくなるのでおすすめです。

A1

Dockerをさらに学ぶには

02

Docker Hubでのイメージの探し方

自分が欲しいイメージ
を探し出す

Dockerの公式レジストリであるDocker Hubにはさまざまなイメージが保管されています。イメージを探す方法について解説しましょう。

Docker Hubでイメージを探すなら「キーワード検索」

Docker Hubでイメージを探すには、キーワード検索を使いましょう。Webブラウザで「https://hub.docker.com/」にアクセスしてください。ここでは、Rubyのイメージを探します。

❶検索ボックスに「ruby」と入力して Enter キーを押す

❷表示された結果から、使いたいイメージをクリック（ここでは[ruby]をクリック）

❸イメージの詳細が表示される

❹イメージをプルするための
コマンドが表示される

A1

Dockerをさらに学ぶには

イメージを探す際の注意点

　中には提供元や用途が不明瞭なイメージもあるので、どのイメージを使用するか
は、最終的には自己責任です。ただ、イメージには、Docker社が公開しているものと、
ベンダーやオープンソースコミュニティなどが公開しているものがあります。これら
の種類は、イメージの横に、以下の文言で表示されています。

イメージの種類

イメージの種類	概要
DOCKER OFFICIAL IMAGE	Docker社が公開しているイメージ
VERIFIED PUBLISHER	ベンダーが公開しているイメージ
SPONSORED OSS	オープンソースコミュニティが公開しているイメージ

　基本的には「DOCKER OFFICIAL IMAGE」を使用し、欲しいイメージがない場合
に、ほかのイメージを探してみるとよいでしょう。検索結果が表示されている画面で
イメージの絞り込み検索も行えるので、活用してください（次ページ参照）。

また、最終更新日が古いものや、「DEPRECATED（非推奨）」と表示されているものは、使用を避けましょう。たとえばjenkinsというソフトウェアの場合、検索結果で上位に表示されるイメージは更新年月日が古く、かつ、「DEPRECATED」と表示されています。そのため、表示された「DEPRECATED; use "jenkins/jenkins:lts" instead」という文言にもあるように、代わりに「jenkins/jenkins」を使いましょう。

タグを確認することでバージョン違いのイメージを探せる

P.38でも解説しましたが、「Tags」タブを見れば、イメージのタグが一覧で表示されます。Dockerfileやcompose.yamlで、イメージのバージョンを明示的に指定したい場合は、ここから探しましょう。

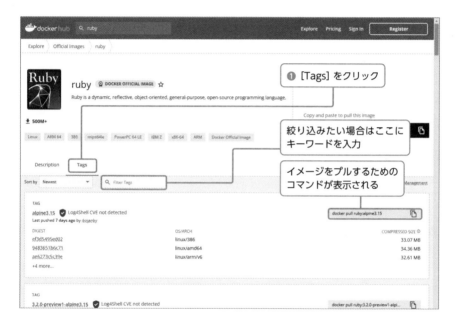

なお、「latest」と表示されているイメージは、その時点の最新イメージのことです。かなり頻繁に更新されるので、本番環境でコンテナを使う際は、「latest」ではなく、バージョンを指定するようにしましょう。

section
03 エラーを解決するヒント

エラーはあわてずに
対処

コンテナ作成時にエラーが起きるのはよくあることです。ここでは代表的なエラーメッセージやその解決方法を紹介しましょう。

YAMLの書き方に関するエラー

　Docker Composeでコンテナを作成する際、エラーが起きることはよくあります。ただし、エラーの原因は、YAMLファイルの書き方に誤りがあるなど、些細な点が原因であることが多くあります。ここでは、よく起きるエラーを紹介するので、エラーが起きた際の参考にしてください。

　P.91でも述べましたが、yamlはスペース1つ足りないだけでエラーになるので、注意が必要です。YAMLファイルの書き方に関する主なエラーは以下の通りです。

インデント不正によるエラー

　コマンドの実行時に「yaml: line【行数】: did not find expected key」「yaml: line【行数】: mapping values are not allowed in this context」といったエラーが発生した場合は、compose.yaml内のインデントがおかしい可能性があります。たとえば、以下のcompose.yamlの場合、「image」のインデントが1つ多いため、「yaml: line 4: did not find expected key」エラーが発生します。

● **compose.yaml**

```
01  services:
02    web:
03        image: httpd:2.4 ───── 「image」が1つ右へずれている
04      ports:
05        - "8080:80"
```

このエラーが発生した際は、エラーメッセージに表示されている行数の前後で、半角スペースに過不足がないかを見直してください。

リスト形式でないために発生するエラー

コマンドの実行時に「【該当箇所】must be a list」エラーが発生した場合は、compose.yaml内の【該当箇所】の値がリスト形式 (-) になっていないことが原因です。たとえば、以下のcompose.yamlの場合、「ports」がリスト形式になっていないため、「services.apache.ports must be a list」エラーが発生します。

● compose.yaml

```
01  services:
02    web:
03      image: httpd:2.4
04      ports: "8080:80" ──── リスト形式になっていない
```

このエラーが発生した際は、エラーメッセージに表示されている【該当箇所】の値を、前ページの compose.yaml にある「ports」のように、リスト形式 (-) へ修正しましょう。

Dockerをさらに学ぶには

211

コンテナ作成・実行に関するエラー

コンテナ作成・実行に関する主なエラーは以下の通りです。

コンテナ名の重複エラー

「Conflict. The container name【コンテナ名】is already in use by container
〜」エラーは、すでに同名のコンテナが存在することを表します。たとえば、すで
に「apache」という名前のコンテナがある場合に、ほかのプロジェクトで以下の
compose.yamlを使用すると、コンテナ名の「apache」が重複するので、エラーが発
生します。

● **compose.yaml**

```
01  services:
02    web:
03      image: httpd:2.4
04      container_name: apache ── コンテナ名が「apache」
05    ports:
06      - "8080:80"
```

```
Windows PowerShell                                           ─  □  ×
PS C:\Users\libro\docker\appendix1\apache02> docker compose up -d
- Network apache02_default  Created                          0.8s
- Container apache          Creating                         0.0s
Error response from daemon: Conflict. The container name "/apache" is already in us
e by container "83429e1c5b126dea3f2bd32ce2ede78333b007294e28cc445064fd1853221bc1".
You have to remove (or rename) that container to be able to reuse that name.
PS C:\Users\libro\docker\appendix1\apache02> _
```
エラーメッセージが表示された状態

　このエラーが発生した際は、同名のコンテナを削除するか、コンテナ名を変更して
ください。

IPアドレスの枯渇エラー

「could not find an available, non-overlapping IPv4 address pool among the
defaults to assign to the network」エラーは、割り当てるIPアドレスが足りないこ
とを表します。

この場合は、「docker compose down」コマンドや、ネットワークを削除する「docker network rm」コマンドなどを使って、不要なネットワークを削除しましょう。

イメージの取得に関するエラー

「pull access denied for【イメージ名】, repository does not exist or may require 'docker login': denied: requested access to the resource is denied」エラーは、指定したイメージが存在しないか、レジストリへのログインをしていないために、イメージが取得できないことを表します。たとえば、イメージ名を「httpd」ではなく「httpda」と記述すると、Docker Hubに「httpda」イメージが存在しないので、エラーが発生します。

● compose.yaml

```
01  services:
02    web:
03      image: httpda:2.4  ───── イメージ名に誤りがある
04      ports:
05        - "8080:80"
```

この場合は、指定したイメージ名に、誤りがないかを見直しましょう。

A1

Dockerをさらに学ぶには

エラーが起きたらどうすればよい？

　主なエラーを紹介しましたが、ほかにもさまざまなエラーがあります。また、Dockerでコンテナを作成する際、エラーが起きることはよくあることです。エラーが発生した際は、以下の点に注意して見直してみましょう。

エラーメッセージの内容をよく確認すること

　エラーが起きた際は、**エラーメッセージの内容をよく確認しましょう。**わかりにくいエラーメッセージもありますが、必ず何かヒントが隠れています。そのため面倒くさがらずに、エラーメッセージをよく読むようにしてください。

原因の切り分けを行うこと

　エラーメッセージを読む際、「どこで起きているエラーなのか」を考えてみましょう。たとえばコンテナを作成する際に、「yaml: ～」というエラーが発生した場合は、YAMLファイルが原因なことがわかりますし、「failed: port～」というエラーが発生した場合は、ポート番号の設定に何か誤りがあることがわかります。

　もし、コンテナを作成できているのにポートフォワーディングで設定したページが見られない、コンテナがすぐに停止してしまうといった場合は、コンテナ内でエラーが発生していないか、「docker compose logs」コマンドで確認してみてください。

Web検索を活用すること

　エラーメッセージを読んでもよくわからない場合は、対象のエラーメッセージでWeb検索してみましょう。エラーメッセージが長かったり、エラーが発生した行番号が含まれていたりする場合、エラーメッセージ全体をコピー＆ペーストして検索してしまうと、あまり情報が得られない可能性もあります。そのため、エラーメッセージの中でも重要そうな部分だけコピー＆ペーストして検索してみましょう。

すべて削除してから再作成してみる

　もし、エラーが出て設定ファイルを書き直してbuildして、を何度も繰り返しているなら、一度「docker compose down --rmi all」コマンドを使って、イメージも含めて削除してみるのも1つの手です。

Appendix 2

VS Code＋Docker で快適な開発環境を構築しよう

井概要説明／# Visual Studio Code

Visual Studio Codeの
インストール

Visual Studio Codeというテキストエディターでは、Dockerの利用に便利な
機能が配布されています。まずはインストール方法を解説しましょう。

Visual Studio Codeとは

Visual Studio Code（以下、VS Code）は、Microsoftが開発した、とても人気
が高いテキストエディターです。VS Codeでは、**拡張機能**と呼ばれるソフトウェア
が多数配布されており、この拡張機能をインストールすることで、さまざまな機能
を追加できます。Dockerに関する拡張機能で有名なものには、「Docker」「Remote
Containers」があり、これらを使うと、コンテナ開発がよりしやすくなります。

ただし、あくまで「コンテナ開発を便利にする」ためのものなので、VS Codeがな
くてももちろん、Dockerは利用できます。また、最初からVS CodeとDockerを組
み合わせて使ってしまうと、利用するツールが増える分、Dockerの学習が進みにく
い可能性もあります。そのため、Dockerの学習を一通り終えたあとに、必要に応じ
て利用してみましょう。

・Visual Studio Code
https://code.visualstudio.com/

Windows版のインストール

　まずは、VS Codeをインストールします。ここではWindows版の手順を紹介するので、Mac版の手順は、次ページを参照してください。

　Webブラウザで、https://code.visualstudio.com/にアクセスしてください。

❶Webブラウザに表示されたページで [Download for Windows] をクリック

❷ダウンロードしたインストーラーをダブルクリック

　インストーラーが起動したら次のような画面が表示されるので、手順に沿って、インストールを行います。

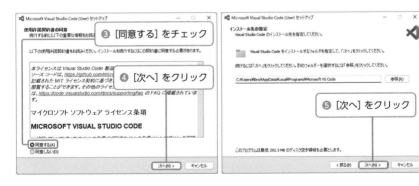

❸ [同意する] をチェック

❹ [次へ] をクリック

❺ [次へ] をクリック

A2

VS Code＋Dockerで快適な開発環境を構築しよう

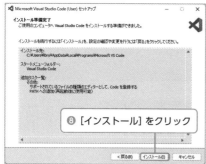

Mac版のインストール

　Macの場合は、ダウンロードしたアプリケーションファイルを開くだけでVS Codeが起動します。VS Codeをインストールするには、Windows版と同様にWeb ブラウザで、https://code.visualstudio.com/にアクセスしてください。

❷ダウンロード欄でファイル名を
クリック

❸「ダウンロード」フォルダーで
ファイル名をクリック

❹VS Codeが起動する

　VS Code起動時に、「インターネットからダウンロードされたアプリケーションで
す。開いてもよろしいですか？」というメッセージが表示されたら、［開く］をクリッ
クしてください。

Column VS Code を Launchpad から起動するには

ダウンロードされたファイルはデフォルトで「ダウンロード」フォルダーに保存され
ますが、「アプリケーション」フォルダーに移動しておくと、Launchpad などからも
VS Code を起動できます。

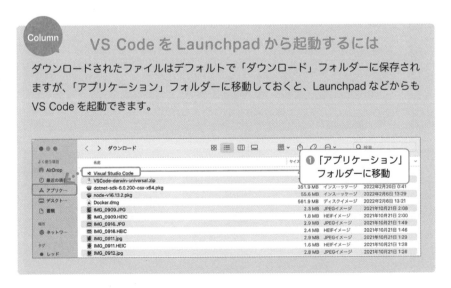

❶「アプリケーション」
フォルダーに移動

日本語化パックのインストール

VS Codeを日本語表示にするために、「Japanese Language Pack for Visual Studio Code」という拡張機能をインストールします。

❶ [拡張機能] をクリック

❷ 検索欄に「japanese」と入力

❸ [Install] をクリック

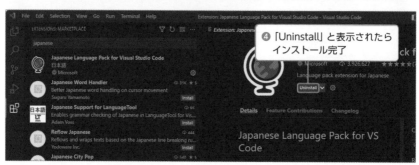

❹ 「Uninstall」と表示されたら
インストール完了

Point　　VS Code の画面が見づらい場合は

VS Code は、デフォルトだと黒い画面、いわゆるダークテーマになっているので、見づらいと感じる方もいるでしょう。その場合は、「配色テーマ」を変更しましょう。本書ではこれ以降、「Light ＋（既定の Light）」というテーマを使用します。

VS Code＋Dockerで快適な開発環境を構築しよう

A2

section
02

拡張機能「Docker」を使って簡単にファイル編集

設定ファイルの
編集を簡単に

VS Codeの拡張機能である「Docker」を使うと、Dockerfileやcompose.yamlの編集がしやすくなります。

拡張機能「Docker」とは

拡張機能「Docker」は、VS Codeでコンテナ開発をする際のさまざまな機能を提供します。大まかには、以下の機能があります。

① Dockerfileやcompose.yamlを編集する際に、予測変換を表示する
② Dockerfileやcompose.yamlのテンプレートを生成する
③ インストールすると表示される「Docker」タブでは、コンテナの開始や削除など、コンテナの操作が行える

ただし、Dockerの基本的な知識がないと、使い方を理解することが難しく、かえって混乱する可能性があります。そのため、Dockerの概要を理解してから、必要に応じて使用してみましょう。また本書では、上記の①と②について紹介します。

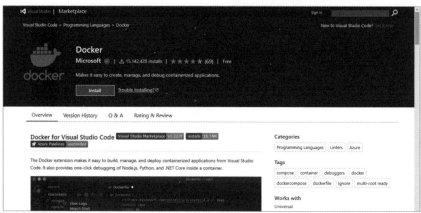

拡張機能「Docker」
(https://marketplace.visualstudio.com/items?itemName=ms-azuretools.vscode-docker)

拡張機能「Docker」のインストール

VS Codeに拡張機能「Docker」をインストールします。

VS Code＋Dockerで快適な開発環境を構築しよう

VS CodeでDockerfileを作成する方法

拡張機能「Docker」をインストールすると、Dockerfileやcompose.yamlが作成しやすくなります。ここでは、Dockerfileを作成してみましょう。

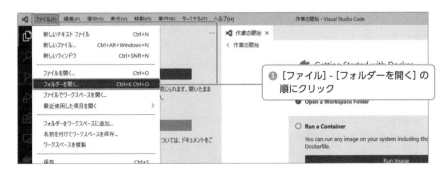

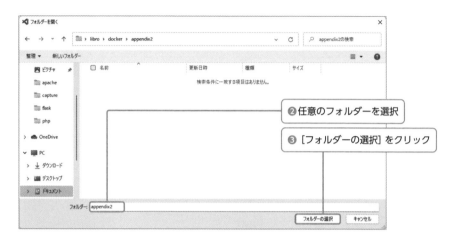

❷ 任意のフォルダーを選択

❸ ［フォルダーの選択］をクリック

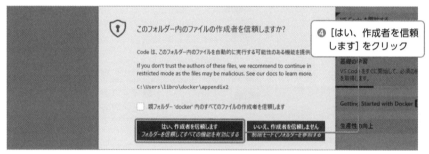

❹ ［はい、作成者を信頼します］をクリック

フォルダーにファイルを追加するには、［新しいファイル］をクリックします。

❺ ［新しいファイル］をクリック

❻ ファイル名に「Dockerfile」と入力して [Enter] キーを押す

拡張機能「Docker」をインストールしてあるので、ファイルに文字を入力すると、Dockerfileの命令が予測変換に表示されます。

文字を入力しなくても、[Ctrl] + [Space] キー（Macでは [command]+[I] キー）を押すと、候補が表示されます。

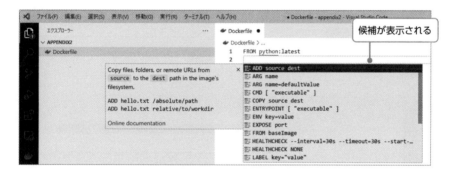

VS Code＋Dockerで快適な開発環境を構築しよう

また、Dockerfileやcompose.yamlに問題がある場合は、「問題」ビューにエラー内容が出力されます。「問題」ビューは、［表示］→［問題］の順にクリックすると表示されます。

たとえば、compose.yamlではインデントがおかしい場合、以下のように警告が表示されます。

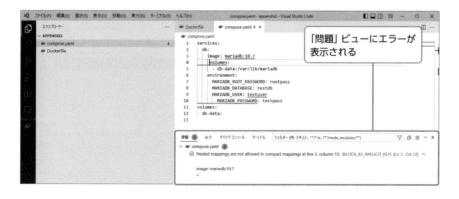

Dockerfile をテンプレートから作るには

拡張機能「Docker」には、Dockerfile や compose.yaml のテンプレートを生成する
機能があります。一から作るのが手間な場合は、使用してみるとよいでしょう。ただ
しあくまでテンプレートなので、自分が作りたいコンテナに合わせて修正する必要が
あることがほとんどです。

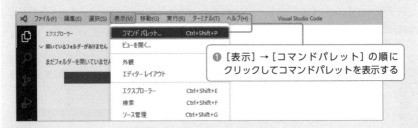

❶［表示］→［コマンドパレット］の順に
クリックしてコマンドパレットを表示する

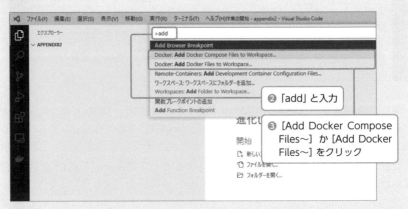

❷「add」と入力

❸［Add Docker Compose
Files〜］か［Add Docker
Files〜］をクリック

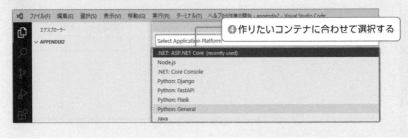

❹作りたいコンテナに合わせて選択する

03

快適な開発環境を
手に入れる

＃拡張機能「Remote Containers」／＃コンテナと接続

VS Codeを使ってコンテナ内のプログラムを修正する

VS Codeの拡張機能である「Remote Containers」を使うと、プログラムの実行環境をコンテナにすることが可能です。

拡張機能「Remote Containers」とは

Remote Containersという拡張機能を使うと、VS Codeとコンテナを接続できます。そのため、次のことが行えます。

・コンテナ内にあるファイルをVS Code上で編集できるようになる
・VS Codeで実行するプログラムの実行環境をコンテナにする
・ホストOS上にプログラムの静的解析を行う各種拡張機能をインストールする必要がなくなる

　たとえば、VS Codeを使ってPythonのプログラムを修正したい場合、「Remote Containers」を使うと、プログラムの実行環境はホストOSにあるPythonではなく、コンテナにあるPythonになります。また、VS CodeでPythonプログラムを作る際によく使われる拡張機能も、ホストOSではなく、コンテナ内のものが使われます。そのため、ホストOSを汚さずに、VS Codeを用いた開発環境を構築することが可能です。

VS Code＋Dockerで快適な開発環境を構築しよう

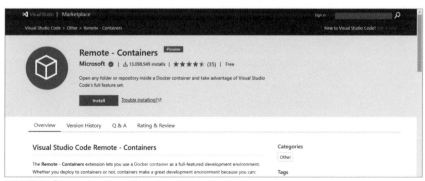

拡張機能「Remote Containers」
https://marketplace.visualstudio.com/items?itemName=ms-vscode-remote.
remote-containers

「Remote Containers」を初めて使う際、何が起きているのかいまひとつわかりにくいことがあるので、どのような構成なのか、図を示しておきましょう。

「Remote Containers」を使うと、コンテナ内にVS Codeのサーバーが立ち上がります。そして、VS Codeで開いたフォルダー（ワークスペース）内のファイルは、コンテナ内に自動でコピーされます。この構成によって、VS Code上のプログラムが、コンテナ内で実行されるようになります。

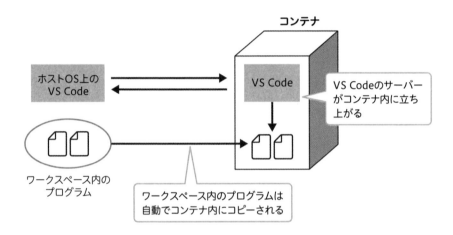

図を見ると難しく感じるかもしれませんが、あくまで、ローカルでVS Codeを操作するのと同じ操作感で使えますので、身構える必要はありません。

拡張機能「Remote Containers」のインストール

VS Codeに拡張機能「Remote Containers」をインストールします。

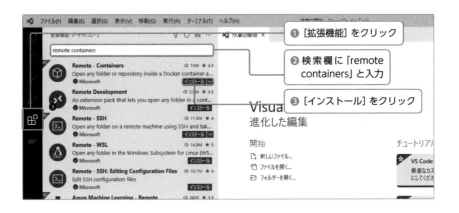

❶ ［拡張機能］をクリック

❷ 検索欄に「remote containers」と入力

❸ ［インストール］をクリック

VS Codeとコンテナを接続する

　VS Codeとコンテナを接続するにはいくつか方法がありますが、ここでは、既存のdocker-compose.ymlから作成する方法を紹介します。なお執筆時点（2022年8月時点）では、Remote Containersではcompose.yamlというファイル名が認識されなかったため、ここでは、docker-compose.ymlというファイル名にしています。

　docker-compose.ymlに、Dockerfile、Pythonのプログラムも含めて、以下のフォルダー構成とします。

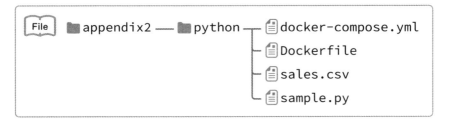

File　📁appendix2 ── 📁python ─┬─ 📄docker-compose.yml
　　　　　　　　　　　　　　　　　 ├─ 📄Dockerfile
　　　　　　　　　　　　　　　　　 ├─ 📄sales.csv
　　　　　　　　　　　　　　　　　 └─ 📄sample.py

● Dockerfile

```
01  FROM python:3.10
02  RUN pip install pandas
```

● docker-compose.yml

```
01  services:
02    python:
03      build: .
04      volumes:
05        - .:/src
```

● sample.py

```
01  import pandas as pd
02
03  df = pd.read_csv('sales.csv')
04  print(df[:5])
```

Pythonのプログラムで読み込むCSVファイル「sales.csv」は、以下の通りです。

● sales.csv

```
01  DATE,SALES
02  20210401,10000
03  20210402,11000
04  20210403,12400
05  20210404,13600
06  20210405,11500
07  20210406,12300
08  20210407,14900
09  20210408,13400
10  20210409,13800
```

docker-compose.yml、Dockerfile、Pythonのプログラムをフォルダーに配置したら、VS Codeとコンテナを接続する設定を行います。

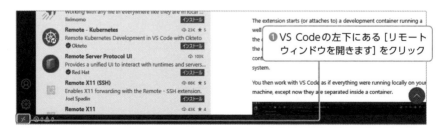

❶ VS Codeの左下にある［リモートウィンドウを開きます］をクリック

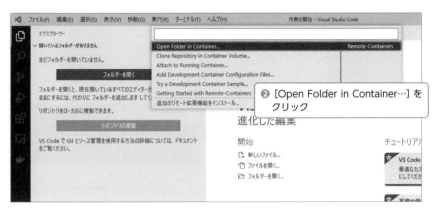

❷ [Open Folder in Container…] を
クリック

VS Code＋Dockerで快適な開発環境を構築しよう

❸ フォルダー（ここでは「python」
フォルダー）を選択

❹ [Open] をクリック

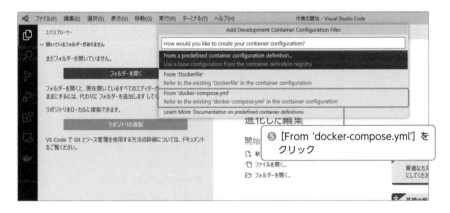

❺ [From 'docker-compose.yml'] を
クリック

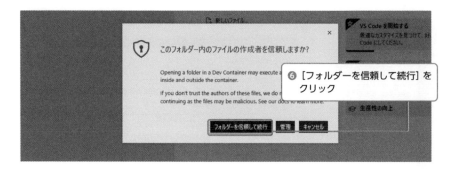

⑥[フォルダーを信頼して続行]を
クリック

イメージのプルとコンテナの作成が行われます。初回は、処理に時間がかかります。

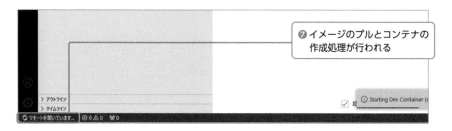

⑦イメージのプルとコンテナの
作成処理が行われる

処理が完了すると、選択したフォルダーが表示されます。これで、VS Codeがコンテナに接続されました。

⑧作成が完了した

VS Codeとコンテナを接続した際、自動で「.devcontainer」フォルダーが作成されるはずです。これはコンテナ接続のために必要なファイルが配置されるためのフォルダーで、フォルダー内には、devcontainer.jsonが自動作成されます。devcontainer.jsonは、VS Codeとコンテナを接続した際に、VS Codeに追加する拡張機能や、VS Codeで行うプログラムの静的解析について、設定するファイルとなります。

拡張機能「Python」のインストール

ここでは、Pythonのプログラムを実行するので、作成したPythonコンテナに、Pythonの拡張機能をインストールします。

❶ [拡張機能] をクリック

❷ 検索欄に「python」と入力

❸ [Python] をクリック

❹ [Dev Container:Existing 〜] をクリック

コンテナ上でPythonのプログラムを実行する

ターミナルが表示されていない場合は、ターミナルを表示します。

❶ [表示] → [ターミナル] の順にクリック

VS Code＋Dockerで快適な開発環境を構築しよう

ターミナルを表示すると、コンテナのシェルが接続されているのがわかります。ここで記述したコマンドは、コンテナ内で実行されます。

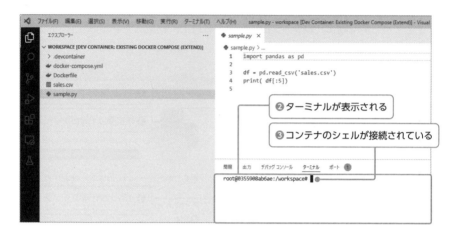

　Pythonのプログラムを実行するには、[Run Python File] をクリックします。実行結果は、ターミナルに表示されます。

コンテナ上でPythonのプログラムをデバッグする

　コンテナ上でプログラムをデバッグすることもできるので、紹介しておきましょう。デバッグするにはまず、プログラムを一時停止する行 (ブレークポイント) を設定します。

❶一時停止したい行番号の
左側をクリック

❷ブレークポイントが
設定される

❸[実行]→[デバッグの開始]
の順にクリック

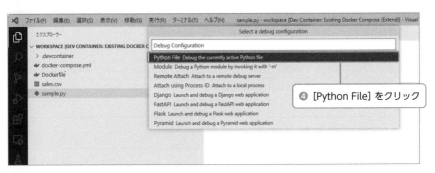

❹[Python File]をクリック

❺デバッグが開始される

一時停止した行は黄色で表示される

❻処理を進めるには F10 キーを押す

VS Code＋Dockerで快適な開発環境を構築しよう

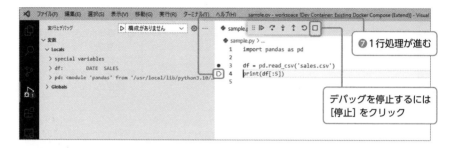

⑦1行処理が進む

デバッグを停止するには
[停止] をクリック

デバッグ実行時には、画面上部にボタンが表示されます。主なボタンの機能は次の通りです。

デバッグ実行時の主なボタン

ボタン	概要
続行（F5）	次のブレークポイントまで処理が進む
ステップオーバー（F10）	プログラムを1行実行する
ステップオーバー（F11）	プログラムを1行実行する。メソッドの場合、メソッド内の処理に移る
停止（Shift + F5）	デバッグが停止する

コンテナ接続を終了する

リモート接続を終了すると、ローカルでのVS Codeの実行に戻れます。

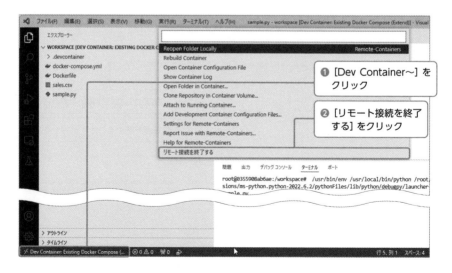

❶ [Dev Container〜] を
クリック

❷ [リモート接続を終了
する] をクリック